优秀技术工人
百工百法丛书

陈佐佐工作法

数字化纤芯管理方案

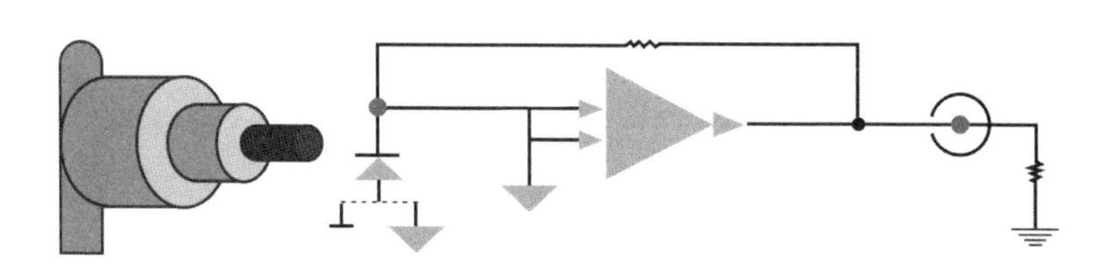

中华全国总工会 组织编写

陈佐佐 著

中国工人出版社

技术工人队伍是支撑中国制造、中国创造的重要力量。我国工人阶级和广大劳动群众要大力弘扬劳模精神、劳动精神、工匠精神，适应当今世界科技革命和产业变革的需要，勤学苦练、深入钻研，勇于创新、敢为人先，不断提高技术技能水平，为推动高质量发展、实施制造强国战略、全面建设社会主义现代化国家贡献智慧和力量。

——习近平致首届大国工匠创新交流大会的贺信

优秀技术工人百工百法丛书

编委会

优秀技术工人百工百法丛书

国防邮电卷

编委会

序

党的二十大擘画了全面建设社会主义现代化国家、全面推进中华民族伟大复兴的宏伟蓝图。要把宏伟蓝图变成美好现实，根本上要靠包括工人阶级在内的全体人民的劳动、创造、奉献，高质量发展更离不开一支高素质的技术工人队伍。

党中央高度重视弘扬工匠精神和培养大国工匠。习近平总书记专门致信祝贺首届大国工匠创新交流大会，特别强调“技术工人队伍是支撑中国制造、中国创造的重要力量”，要求工人阶级和广大劳动群众要“适应当今世界科技革命和产业变革的需要，勤学苦练、深入钻研，勇于创新、敢为人先，不断提高技术技能水平”。这些亲切关怀和殷殷厚望，激励鼓舞着亿万职工群众弘扬劳模精神、劳动精神、工匠精神，奋进新征程、建功新时代。

近年来，全国各级工会认真学习贯彻习近平总书记关于工人阶级和工会工作的重要论述，特别是关于产业工人队伍建设改革的重要指示和致首届大国工匠创新交流大会贺信的精神，进一步加大工匠技能人才的培养选树力度，叫响做实大国工匠品牌，不断提高广大职工的技术技能水平。以大国工匠为代表的一大批杰出技术工人，聚焦重大战略、重大工程、重大项目、重点产业，通过生产实践和技术创新活动，总结出先进的技能技法，产生了巨大的经济效益和社会效益。

深化群众性技术创新活动，开展先进操作

法总结、命名和推广，是《新时期产业工人队伍建设改革方案》的主要举措。为落实全国总工会党组书记处的指示和要求，中国工人出版社和各全国产业工会、地方工会合作，精心推出“优秀技术工人百工百法丛书”，在全国范围内总结100种以工匠命名的解决生产一线现场问题的先进工作法，同时运用现代信息技术手段，同步生产视频课程、线上题库、工匠专区、元宇宙工匠创新工作室等数字知识产品。这是尊重技术工人首创精神的重要体现，是工会提高职工技能素质和创新能力的有力做法，必将带动各级工会先进操作法总结、命名和推广工作形成热潮。

此次入选“优秀技术工人百工百法丛书”作者群体的工匠人才，都是全国各行各业的杰出技术工人代表。他们总结自己的技能、技法和创新方法，著书立说、宣传推广，能让更多人看到技术工人创造的经济社会价值，带动更多产业工人积极提高自身技术技能水平，更好地助力高质量发展。中小微企业对工匠人才的孵化培育能力要弱于大型企业，对技术技能的渴求更为迫切。优秀技术工人工作法的出版，以及相关数字衍生知识服务产品的推广，将对中小微企业的技术进步与快速发展起到推动作用。

当前，产业转型正日趋加快，广大职工对于技术技能水平提升的需求日益迫切。为职工群众创造更多学习最新技术技能的机会和条件，传播普及高效解决生产一线现场问题的工法、技法和创新方法，充分发挥工匠人才的“传帮带”作用，工会组织责无旁贷。希望各地工会能够总结、命名和推广更多大国工匠和优秀技术工人的先进工作法，培养更多适应经济结构优化和产业转型升级需求的高技能人才，为加快建设一支知识型、技术型、创新型劳动者大军发挥重要作用。

中华全国总工会兼职副主席、大国工匠

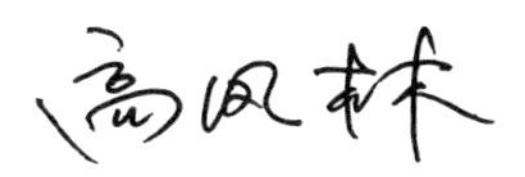

作者简介
About The Author

陈佐佐

1989 年出生，中国移动通信集团浙江有限公司金华分公司网络部传输管线主管，中国移动“十百千”省级技术专家、传输卓越工程师、“陈佐佐党员创新工作室”负责人。

曾获“2023 年度移动集团级在岗技术革新十佳优秀成果”“2021 年全国 QC 小组成果发表交

流活动（第一期）示范级成果”“中国移动浙江公司优秀共产党员”“浙江移动科技与进步奖二等奖”“浙江省通信学会科学技术奖二等奖”“三十佳网络技术标兵”“优秀员工”“敬业先锋”等荣誉和称号。

陈佐佐主导并研发了传输哑资源数字化管理项目，针对杆井、光缆、光缆纤芯等哑资源，创新开发传输智慧运维平台，引入 NFC 标签、光缆巡线仪、RFID 电子标签技术，升级哑资源管控手段，“点—线—面”融合，创新推进哑资源数字化管理。安装管道、杆路 NFC 标签“定点”，解决经纬度采集不准、资源点冗余问题，对资源点进行唯一编码定位；开展“光缆声呐”光缆路由普查“画线”，改变上杆、下井画图纸的低效率摸排模式，利用光缆巡线仪获取光缆路由准确信息；安装成端、尾纤 RFID 电子标签“剖面”，针对资管纤芯资料不准的痛点，将跳纤信息电子化。通过哑资源数字化管理，施工效率提升 70 倍，录入效率提升 57%。

同时，在数智化基础上进行流程重构，大幅精简流程环节，提升单个流程环节的处理效率，保证数据修正的准确度和覆盖范围，降低流程整体时长和复杂度，提升生产运维效率。纤芯摸排时间从每芯 10min 减少为每芯 10s，效率提升 120 倍。同时打破了外国的技术垄断，申请了 4 项国家发明专利、1 项外观设计专利，成为行业标杆，为推动我国通信行业线路管理向数字化发展作出了突出贡献。

工 / 匠 / 寄 / 语

政治过硬、本领高强。通过数字化手段进行海量哑资源数据管理，把握时势担负新使命，服务发展开创新作为。

——陈佑佑

目　　录
Contents

引　言　01

第一讲　光纤维护现状　03

一、中国移动光纤建设网络现状　05

二、光纤维护的现状和难点　06

第二讲　光网维护的基础工作　11

一、光纤熔接　13

二、光纤跳线　16

第三讲　光纤漏光原理　23

一、光纤弯曲原理　25

二、漏光特性说明　35

第四讲　摸纤方式对比　39

一、传统摸纤方式　41

二、传统工具介绍 42
三、新式工具介绍 47
四、新旧式工具效果对比 54

第五讲 现网模拟及数值验证 55
一、光网易探灵敏度检测 57
二、光网易探夹纤损耗检测 60
三、光网易探识别准确率检测 62
四、光网易探蓝牙及识别状态检测 65

第六讲 软件及辅助工具 69
一、光功率检测算法 71
二、电动夹纤器 74
三、专用软件平台——哑资源管理 80
四、光网易探软件 82

后 记 95

引 言
Introduction

2018 年 12 月，习近平总书记在庆祝改革开放 40 周年大会的讲话中指出，“我们要坚持创新是第一动力、人才是第一资源的理念，实施创新驱动发展战略，完善国家创新体系，加快关键核心技术自主创新，为经济社会发展打造新引擎”。

科技自立自强是国家强盛之基、安全之要。坚持创新是引领发展的第一动力，只有深入实施科教兴国战略、人才强国战略、创新驱动发展战略，我们才能实现高水平科技自立自强，为强国建设、民族复兴提供不竭动力。

在通信行业中，光纤跳线是连通通信系统的重要组成部分。随着业务的增多，机房内的跳线越来越多，在经历了纤芯的入网、迁改、调度改造、拆除等环节后，光路纤芯的跳接关系更加混乱。针对这一问题，在不影响现网传输业务的前提下，摸清光路纤芯的跳线两端关系，厘清光路路由，甄别、释放虚占端口尾纤，是当前要解决的主要难题。

合理、有效的纤芯管理方案是保障传输网络稳定、长效运转的关键所在。本书主要阐述笔者多年来在传输网络规划、运维攻坚过程中对于纤芯管理一系列难题的解决办法和实施效果，以及在这一系列难题的解决过程中积累的有关创新的心得和经验，供大家参考。

第一讲

光纤维护现状

传输物理光纤网络是通信网络的基石，光纤网络主要由节点、光缆、跳纤几部分组成，从骨干网—汇聚网—接入层—驻地网层层嵌套，形成通信网络。

一、中国移动光纤建设网络现状

目前，中国已建成全球规模最大的光纤网络，其光纤总里程近 6000 万公里，数据中心总机架近 600 万标准机架，全国 5G 基站超过 230 万个，均位居世界前列。

中国的光纤网络发展历史可追溯到 20 世纪 60 年代，80 年代开始引进技术和设备，开创中国的光纤光缆生产企业，90 年代开始了对光纤网络技术的研发。如今，中国通信网络运营商不仅在光纤网络规模上领先，还在推动全光纤网络到户、到屋，如图 1 所示。

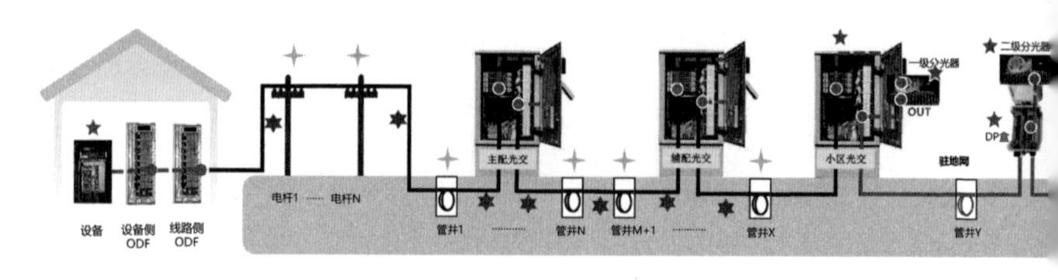

图 1　传输 ODN 网络示意图

二、光纤维护的现状和难点

随着光纤网络的不断发展，光缆与跳纤的维护变得尤为重要，光缆的日常维护包括巡查、检修、护线宣传等。线路维护需要耐心、细心，更需要用心。传输网络的维护需依靠资管资料分析判断，倘若基础资料存在偏差或错误，则会误导抢修调度，影响抢修时长。仅一个地级市，每年增放、迁改、拆除光缆的条数就已超过 10 万条，海量资源的变动使资管基础数据的准确度不断降低，如图 2 所示。

（a）光缆敷设现场

（b）光缆熔接现场

图 2　光缆维护现场

维护好光缆的同时，机房内的跳纤维护也尤为重要。每个运营商机房内尾纤数量众多，从几十条到上千条不等。然而，尽管尾纤数量庞大，但很多单位在尾纤管理方面却并未给予足够的重视。随着光传输设备的广泛应用和迅猛发展，通信机房内的光跳线架（ODF）和尾纤的使用量也急剧增加。机房内成百上千条尾纤从四面八方汇聚到某一位置，这对机房的整洁美观和业务的传输安全都是一个不小的考验。我们经常可以看到的是，经过多次尾纤跳接操作后，原本整洁的尾纤及光跳线架变得杂乱无章、难以梳理，而不再使用的尾纤也难以被及时拆除，进一步加剧了机房的混乱，如图 3、图 4 所示。这些问题不仅严重影响了机房的整体环境和美观度，更对后续的维护操作造成了极大的不便，同时也给在传业务的安全性带来了潜在的风险和隐患。

图 3　尾纤槽中的大量尾纤

图 4　小区内部公共机房现状

第二讲

光网维护的基础工作

光纤物理网络的连接，主要通过光缆的熔接、纤芯的跳接来完成。光功率是评价光链路质量的重要参数。光功率不达标会造成链路故障，导致业务中断，如图5、图6所示。

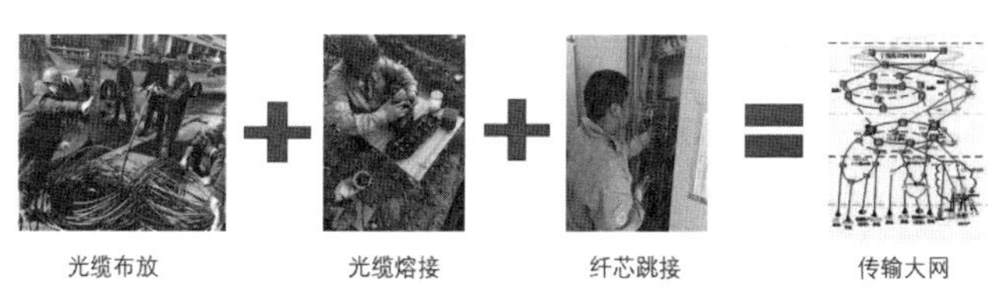

图5　传输网三大实施工作

一、光纤熔接

光纤熔接技术是一项关键工艺，它利用熔纤机将光纤与光纤之间，或光纤与尾纤之间进行高精度连接。在通信光缆的制造过程中，通常以2km至3km为一盘进行生产，意味着单盘光缆的最大长度限制在3km左右。然而，随着技术的进步，现代传输设备所支持的光缆传输距离已经能

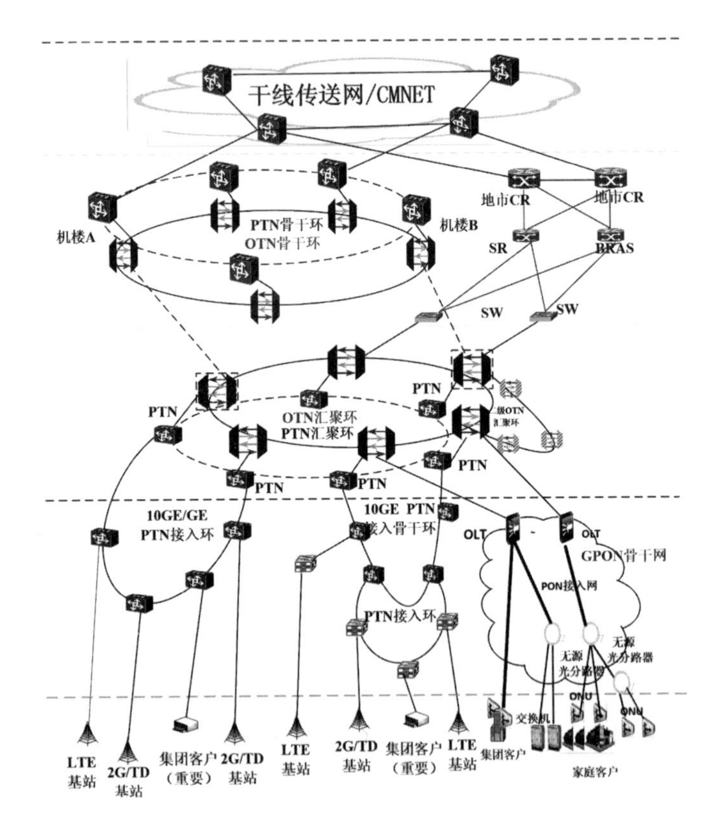
干线传送网/CMNET
地市CR
地市CR
机楼A
PTN骨干环
OTN骨干环
机楼B
SR
BRAS
SW
SW
PTN
PTN
OTN汇聚环
PTN汇聚环
PTN
PTN
PTN
10GE/GE
PTN接入环
10GE PTN
接入骨干环
OLT
OLT
GPON骨干网
PON接入网
PTN接入环
无源
光分路器
无源
光分路器
ONU
交换机
ONU
LTE
基站
2G/TD
基站
集团客户
（重要）
2G/TD
基站
LTE
基站
2G/TD
基站
集团客户
（重要）
LTE
基站
集团客户
家庭客户

图 6　传输网络架构图

够达到甚至超过 100km。因此，在实际应用中，为了满足长距离传输的需求，我们必须对光缆进行熔接处理，以延长光缆的总长度。光缆熔接过程需要借助专业的熔接机、接头盒以及成端设备等工具来完成。此外，光缆在熔接并成端后，还可以通过机房内的成端设备进行光缆的跳接调度。这一步骤实现了光缆之间的快速连接，无需再进行额外的熔接操作，从而大大提高了光缆网络的灵活性和响应速度。

光纤熔接工具如图 7 至图 9 所示。

图 7　光纤熔接机

图 8　光缆接头盒

图 9　光缆成端设备

二、光纤跳线

光纤跳线是指在光缆两端都安装了连接器插头，用于实现光路的灵活连接。光纤尾纤则是一端装有连接器，而另一端是光缆的裸露纤芯。两者的最明显区别在于：尾纤只有一端配有连接器，而跳线的两端都配有连接器。光纤跳线和同轴电缆相似，只是没有网状屏蔽层。它的中心是光传播的玻璃芯。在多模光纤中，玻璃芯的直径是 50~65μm，与人的一根头发粗细相当，而单模光纤芯的直径为 8~10μm。纤芯外面包围着一层折射率比纤芯低的玻璃封套，以使光纤保持在纤芯内。最外面是一层薄的塑料外套，用来保护封套。

1. 光纤跳线的分类

光纤跳线是两端装有光纤接头的光纤线缆，用于连接光模块和设备。光纤跳线的类型有多种，不同类型之间通常不兼容。根据传输媒介的不同，跳线可以分为单模、多模光纤跳线，或其他以塑料为传输媒介的光纤跳线。按接头的结构形式，跳线分为 FC、SC、ST、LC 等类型，常见的组合有 FC-FC、FC-SC、FC-LC 等。

单模光纤跳线常用于长距离传输，外皮一般为黄色，接头和保护套常为蓝色。

2. 几种网络工程中常用的光纤连接器

（1）FC 型光纤跳线：其外部加强方式采用金属套，紧固方式为螺丝扣，一般用于 ODF 侧（配线架上用得最多），如图 10 所示。

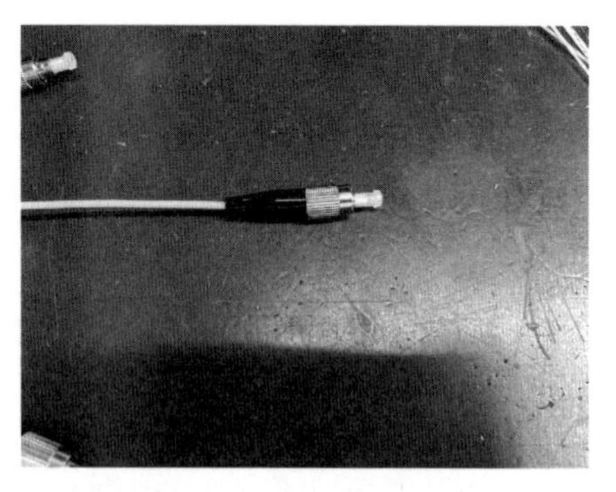

图 10 FC 型光纤跳线

（2）SC 型光纤跳线：它是连接 GBIC 光模块的连接器，外壳呈矩形，紧固方式采用插拔销闩式，无须旋转（路由器交换机上用得最多），如图 11 所示。

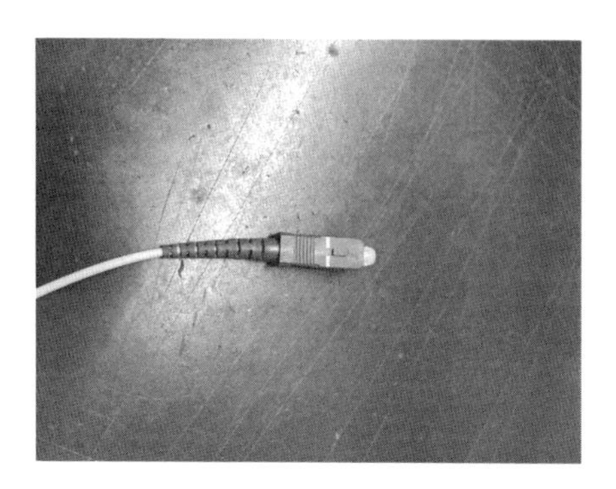

图 11　SC 型光纤跳线

（3）LC 型光纤跳线：它是连接 SFP 模块的连接器，采用操作方便的模块化插孔（RJ）闩锁机理制成（路由器常用），如图 12 所示。

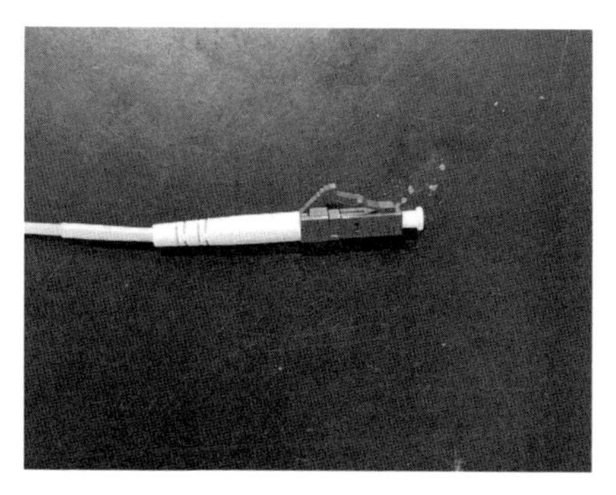

图 12　LC 型光纤跳线

3. 光纤跳纤注意事项

（1）光纤跳线两端光模块的收发波长必须一致。

（2）光纤在使用中不要过度弯曲和绕环，否则会加速光在传输过程中的衰减。

4. 光纤跳线资料的制作

光纤跳线资料在排障以及网络优化中尤为重要，传统方案中多采用纸质标签。

纸质标签的制作要求如下：

（1）一条尾纤一个标签。

（2）尾纤两端需要正确标注对端位置，方便维护查询。

（3）尾纤标签需要机打。

补充纸质标签的照片，如图 13、图 14 所示。

系统：系统名称 Fr：本端位置 跳纤员编号：	方向：A-C To：对端位置 时间：

图 13　纸质标签

系统：光明 - 佛堂工业园 PTN-10G-01 Fr：ODF01.NO2.L5-9.10 跳纤员编号：YW001	方向：光明 - 佛堂工业园 To：ODF01.NO8.L3-7.8 时间：2014.02.19

图 14　纸质标签实例

纸质标签存在资料变更难、易老化脱落、信息不清晰、需要人工读取、不能重复利用等一系列问题。故运营商也将电子标签应用于纤芯管理领域，逐步淘汰纸质标签，以实现长时间不脱落、可重复利用，并能与系统交互等功能，各类标签对比分析如表 1 所示。

表1　标签对比分析

	纸质标签	二维码 / 一维码	RFID 电子标签★	有源方案
图片				
成本	约 0.6 元 / 张	略高于纸质标签	约 0.95 元 / 个	10~20 倍于 RFID 标签 ×
大小	80mm × 20mm	84mm × 26mm	10mm × 6mm	10mm × 6mm × 3mm
缺陷	易老化脱落，信息不清晰 ×	易污染、易老化、易脱落、不能重复利用 ×	至少 4 年√	1. 室外只能依靠手持电源 2. 怕潮、怕水汽 ×
读取	人工	手机	便携式采集枪 + 手机	1. 支持在线通信 2. 支持手持终端 + 手机
重复利用	不能	不能 ×	能√	能
改造复杂度	简单：贴在跳纤上，端口不贴	简单：贴在跳纤上，端口不贴	1. 初次改造略复杂 2. 端口标签贴在盘片上，尾纤标签套在尾纤上	1. 复杂度很高，有的无法改造 2. 需要主控、集线器、智能盘片盖板、若干网线
应用场景	适用于机房等场景	适用于纤芯、光缆等场景	适用于端口、纤芯管理，可以两张一起扫描，建立成对关系√	适用于有电源的重要机房

第三讲

光纤漏光原理

一、光纤弯曲原理

1. 光纤传输原理

（1）光纤的结构

光纤是一种高度透明的玻璃纤维，由石英材料拉制而成。从横截面上看，光纤由三部分组成，即折射率较高的纤芯、折射率较低的包层以及表面起保护作用的涂覆层。纤芯的折射率高于包层的折射率，从而形成一种光波导效应，使大部分的光被束缚在纤芯中传输，实现光信号的长距离传输。外面的涂覆层仅起保护作用，不会对光的传输产生影响，如图 15 所示。

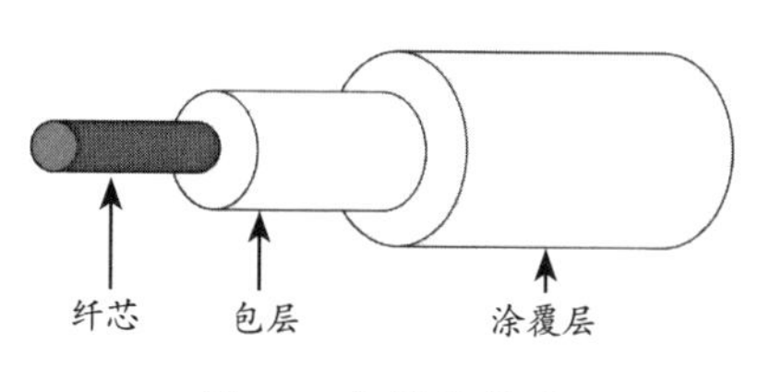

图 15　光纤结构图

光纤的几何尺寸很小，纤芯直径一般为5~50μm，包层的外径为125μm，包括防护层在内的整个光纤的外径也只有250μm左右。

常用的构成纤芯和包层的材料是高纯度的石英（SiO_2），它是玻璃的主要成分。为了使石英适用于光纤通信等应用，需要向其中掺入少量不同的掺杂剂。常见的掺杂剂包括二氧化锗（GeO_2）、三氧化二硼（B_2O_3）等。添加的这些掺杂剂能够改变石英的光学特性，如增大或减小其折射率，使其更适合用作光纤的纤芯或包层材料。通过精确控制掺杂剂的含量和分布，可以实现对光纤的光学性能的调控，以满足不同应用场景的需求。

（2）光纤的分类

按照折射率分布不同，可将光纤分为两类：阶跃型光纤（SIF）和渐变型光纤（GIF）。阶跃型光纤又称均匀光纤，其纤芯折射率是常数，而渐变型光纤的纤芯折射率是渐变的。无论是阶跃型光纤还是渐变型光纤，其包层折射率都是常数。

按照光纤材料不同，可将光纤分为四类：石英光纤、石英芯－塑料包层光纤、多成分玻璃光纤和塑料光纤。其中，石英光纤的损耗最低，在光纤通信中应用最广泛。

按照传输模式不同，可将光纤分为两类：单模光纤和多模光纤。单模光纤的纤芯直径较小，为 4~10μm，只能传输单一模式，可以完全避免模式色散，适用于大容量、长距离的光纤通信。多模光纤的纤芯直径较大，约为 50μm，在一定的工作波长下可以传输多种模式。其优点是制造、耦合、连接都比单模光纤容易，适用于短距离通信及局域网等场合；缺点是会产生模式色散，限制传输距离。

（3）光纤的标准

目前，国际上的光纤主要采用国际电信联盟

的 ITU-T 的 G 系列。与之对应，我国的光纤标准为国家标准 GB/T15912 系列和工业和信息化部颁布的通信行业 YD/T 90—2009、YD/T 1591—2008 等系列标准，具体如下。

① G.651：渐变折射率多模光纤，主要是指 0.85μm 和 1.31μm 的多模光纤。

② G.652：普通单模光纤，指零色散波长在 1.31μm 窗口的单模光纤。

③ G.653：色散位移光纤，在 G.652 光纤的基础上，将零色散点从 1.31μm 窗口移动到 1.55μm 窗口，解决了 1.55μm 波长的色散对单波长高速系统的限制问题。但光纤非线性效应导致的四波混频在 G.653 光纤上对 DWDM 系统产生了严重影响，故 G.653 并没有得到广泛推广。

④ G.654：截止波长位移型单模光纤。通过特殊设计使这种光纤在 1.55μm 处的损耗系数降为 0.185dB/km，这主要是为了满足海底光纤长距

离通信的要求。

⑤ G.655：非零色散位移光纤。这种光纤是在 1.55μm 窗口有合理的、较低的色散，能够降低四波混频、交叉相位调制等非线性影响，同时能够支持长距离传输，而尽量减少色散补偿。

（4）光的全反射现象

由于光具有波粒二象性，即波动性和粒子性，因此在其传播过程中既表现出波的特性，又表现出粒子的特性。将光视作光线，采用几何光学的方法来分析其传播特性可知，当光线从一种介质射入另一种介质时，会发生反射和折射现象。如果入射光线在介质界面处完全反射回第一种介质中，则称为全反射现象。

当光线从折射率较大的介质 n_2 射入折射率较小的介质 n_1 时，光线在边界处会发生反射和折射。当入射角度超过临界角时，将发生全反射（当入射角度超过临界角时，光线不再折射入第二种介质，而是完全反射回第一种介质中），如图 16 所示。

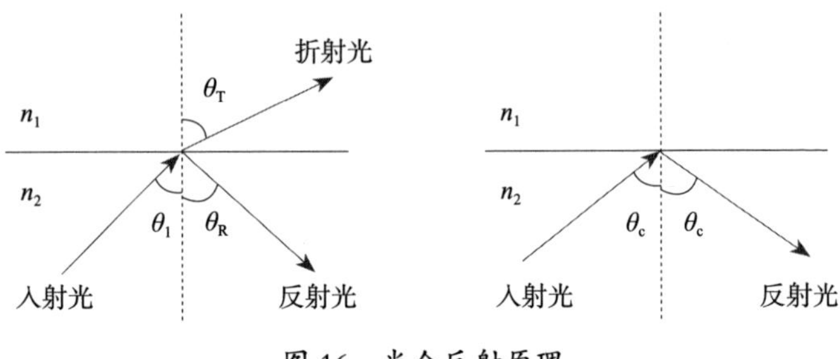

图 16　光全反射原理

光线在两介质界面处发生全反射，必须满足以下两个条件。

①光线必须由光密介质入射到光疏介质，即 $n_2 > n_1$。

②入射角必须大于其临界角，即 $\theta_c < \theta_1 < 90°$。

临界角的计算公式如式（1）所示。

$$\sin\theta_c = \frac{n_1}{n_2} \tag{1}$$

（5）光纤导光原理

由光纤的结构可知，光纤纤芯的折射率 n_1 高于包层的折射率 n_2，当激光被耦合进入纤芯后，只要到包层和纤芯界面的入射角大于临界角，就会发生全反射，光束在包层和纤芯的界面之间来回反射，从而在光纤中传输下去。光纤的导光原理如图 17 所示。

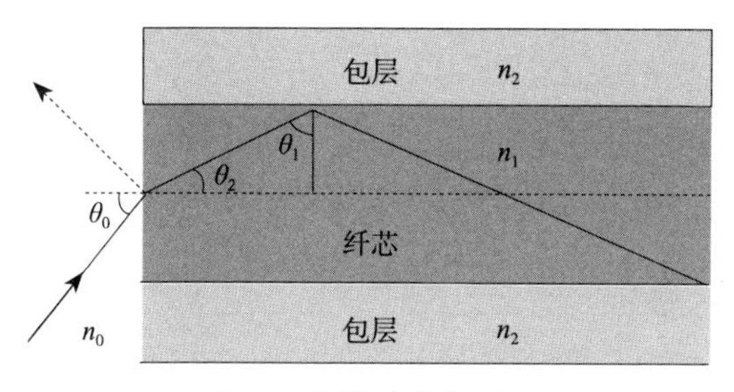

图 17　光纤的导光原理

根据光的反射和折射定理可知，当光线的入射角满足式（2）时，可在光纤中传播。

$$\sin\theta_0 \leqslant \frac{\sqrt{n_1^2 - n_2^2}}{n_0} \tag{2}$$

2. 光纤弯曲损耗

理想状态下，光在平直的光纤中传输时是没有损耗的。弯曲损耗主要是受模式耦合、模式泄漏和空间滤波三种因素影响而产生的。纤芯中的部分导模会在光纤发生弯曲时转变为辐射模，辐射到包层中发生能量辐射。根据弯曲形式，弯曲损耗可以分为微弯曲损耗和宏观弯曲损耗。弯曲形式不同，弯曲损耗的产生机理也不同，如图 18 所示。

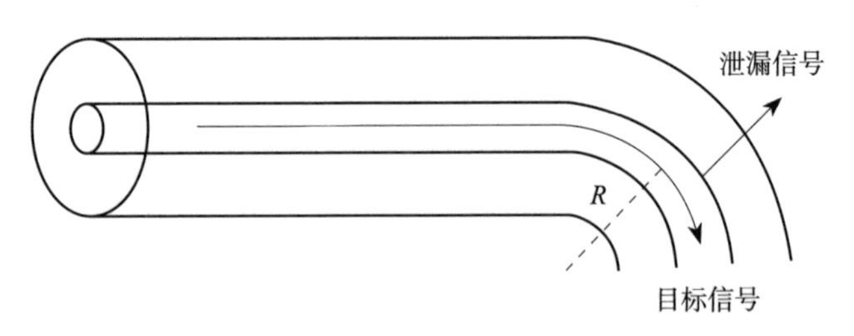

图 18　光纤弯曲示意图

一般来说，当光波沿轴向传送时，其传播常数 β 符合式（3）：

$$n_2 k_0 < \beta < n_1 k_0 \quad (3)$$

式中，n_1 为纤芯折射率；n_2 为包层折射率；k_0 为真空中的波数（也称波矢量）。

当光在光纤的直线段传输时，电场和磁场的相位位于同一个平面内。然而，当光线传输到光纤的弯曲部分时，为了维持直线段的相位特性，靠近光纤弯曲外侧的部分需要具有更快的相速度，这是因为光的波前会在传播过程中受到压缩，导致波速增加。

如果弯曲部分足够长，以至于外侧的相速度超过了光在真空中的速度，那么就意味着光纤中的传导模已经转变为辐射模。在这种情况下，光的能量会逐渐泄漏出光纤，导致信号的损失，从而增加了光纤的损耗。

（1）微弯曲损耗

光纤的微弯曲损耗主要是相对于理想均匀的平直光纤来说的，沿光纤轴线方向存在细微的不规则弯曲而导致的损耗，主要是由模式耦合引起的。光束最初以一定入射角入射进纤芯内，由于纤芯内部的畸变导致传播角度会发生改变，从而打破了原始模式耦合的动态平衡，纤芯中的传导模与包层中的辐射模发生耦合，致使传导模的光能量产生损耗。

（2）宏观弯曲损耗

目前广泛使用的光纤质地较软，容易弯曲，这虽然为光纤的敷设带来了一定的便利，但也带来了一些问题。由于其易弯曲的特性，光纤弯曲较大的情况时常发生。当光纤出现较大的弯曲时，弯曲半径较小，光在纤芯内部传输时传输的路径会发生改变，可能会泄漏至包层，甚至泄漏出去。

光纤的宏观弯曲损耗，是指光纤发生弯曲的弯曲半径远大于光纤的纤芯半径时所产生的损耗。宏观弯曲的光纤中，空间滤波、模式泄漏和模式耦合共同作用产生弯曲损耗，其中空间滤波起主要作用。空间滤波效应是由于光纤弯曲时光束的传播角度发生改变，破坏了平直光纤内的全反射，而弯曲光纤中的高阶模会从纤芯折射到包层中，在这个过程中会携带能量泄漏到包层中。因此，光纤弯曲程度越大，受空间滤波效应的影响就会越大，产生的传输损耗也就越大。

二、漏光特性说明

1. 光纤漏光原理

根据光的全反射原理可知，当光线垂直光纤端面射入，并与光纤轴心线重合时，光线沿轴心线向前传播。当光纤被弯曲时，其中的一部分光会遇到足够大的弯曲角度，光线的路径发生变化，使光无法完全被全反射而泄漏出来。此时，泄漏的光在光纤附近形成一个光束，这个现象被称为光纤弯曲漏光。如果弯曲度过大，就会造成部分光无法正常通过，从而导致光功率下降，使收到的信号质量变差，传输速度也会变慢，如图19所示。

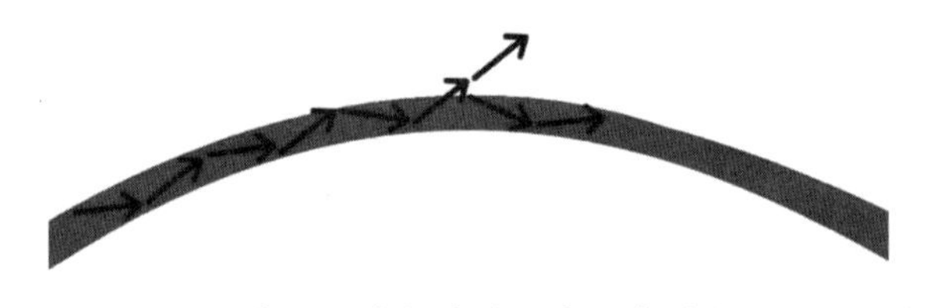

图19 光纤弯曲漏光示意图

一般标准单模光纤在1550nm波长处的损耗系数约为0.2dB/km，属于较低的传输损耗。如果光纤发生弯曲（微弯或宏弯），光传输不满足全反射条件，部分光就会从包层漏出，导致光功率下降和损耗。

2. 漏光影响因素

光纤弯曲漏光是指当光纤被弯曲时，其中的光信号会从光纤中逸出，从而造成信号损失或干扰。影响光纤弯曲漏光的因素主要包括以下6个方面。

（1）弯曲半径：光纤的弯曲半径是指光纤弯曲时形成的曲线半径。弯曲半径越小，曲率越大，弯曲时光纤中的光束就会受到更大的偏折，从而导致部分光信号超过了全反射的临界角而逸出光纤。

（2）光纤直径：光纤直径较大时，在相同的弯曲半径下，光束偏折的程度相对较小，因此漏光相对较少。在曲率相同的情况下，较细的光纤中光束的偏折会更加显著，导致漏光更为严重。

（3）光纤材料：光纤材料的折射率决定了光在光纤中传播的速度和角度变化。不同材料的光纤具有不同的折射率，影响光纤弯曲时的光束偏折程度，从而影响漏光情况。光纤芯和包层的折射率差异越大，越容易发生全反射现象，则光纤弯曲漏光越少。

（4）光纤结构：单模光纤和多模光纤的结构

不同，导致在弯曲时光信号的漏失情况也不同。一般来说，单模光纤在弯曲时漏光较少，而多模光纤在弯曲时由于光信号的多样性会有更多的漏光。

（5）弯曲方式：不同的弯曲方式会对光纤产生不同的应力和形变，从而影响光信号的漏失情况。

（6）光信号的波长：随着波长的变化，材料的折射率也会有所不同，这是因为材料对不同波长的光有不同的响应。不同波长的光信号在光纤中传播时，较短波长的光信号具有较高的折射率，在材料中传播时会更容易发生全反射，相对来说漏光更少；较长波长的光由于折射率较低，可能更容易在弯曲区域发生漏光现象。

综上所述，这些因素相互作用，共同决定了光纤在弯曲时漏光的程度。

第四讲

摸纤方式对比

一、传统摸纤方式

随着通信技术的快速发展和网络规模的不断扩大，通信机房内的光纤跳线管理变得越来越重要。光纤跳线的正确管理和维护，对于确保网络稳定运行、提高故障处理效率以及提升客户满意度具有至关重要的作用。然而，由于业务需求的不断增加，跳纤人员面临着时间压力和工作量大的挑战，导致在跳纤完成后未能及时贴上标签和更新跳纤资料。此外，通信业务的调整也可能导致跳纤关系的变化，进而导致机房内尾纤对应关系变得混乱。因此，及时有效地摸清机房内的纤芯关系，拆除多余的纤芯，释放虚占纤芯资源，提高纤芯利用率，成为当前需要解决的难题。

目前，传统的摸纤方式主要是人工手动摸纤，这种方法不依赖于复杂的仪器或设备。由于操作简单，人工手动排摸对人员的技术水平要求相对较低，只需具备基本的光纤知识和一定的操作技能即可。对于无标签或标签不准确的尾纤，须进行人工手动排摸。排摸过程不影响正在使用的业务，从尾纤的一端开始，沿着光纤的路径逐步进行排查，直至到达另一端。因此，这种方法非常适用于生产环境中的光纤排查。为了确保效率和准确性，通常需要两名以上技术人员合作进行，一人负责排查，另一人负责记录和标记。然而，受机房尾纤数量和布局的影响，排摸的难度和复杂度可能会增加。对于大规模或复杂的光纤网络，这种方法便不太适用，因为需要消耗大量的时间和人力资源，如图 20 所示。

二、传统工具介绍

目前，市面上在机房摸纤工程中，常见的工具主要包括红光笔和光纤识别仪。红光笔通常用于标记光纤，以便在跳线排查或其他操作中进行标识。通过红光笔在光纤上做标记，可以方便后

（a）机房尾纤

（b）手工摸纤

图 20　机房尾纤与人工摸纤

续的识别和操作。红光笔使用简单，成本低廉，适用于一般的光纤管理工作。光纤识别仪是一种专业的设备，用于检测光纤的连接状态和光信号传输情况。通过光纤识别仪，技术人员可以准确地确定光纤的连接情况，识别出特定光纤的路径和终端设备，以及确认光信号的传输质量。光纤识别仪通常具有高精度和高效率的特点，适用于需要准确识别光纤连接状态的复杂环境和工程。

1. 红光笔

红光笔是一种手持式的光纤测试工具，其原理是利用 650nm 半导体激光器作为发光器件，通过恒流源驱动发射出稳定的红光，从而辅助识别光纤。使用红光笔时，将其接入光接口并进入光纤，能够实现光纤故障检测功能，包括检测光纤的连通性以及光纤断裂、弯曲等故障点的定位。这些功能使红光笔在通信维护中有着广泛的应用。

然而，在使用红光笔进行光纤测试时，需要接入尾纤一端注入红光，这就必须断开在用尾纤，导致排摸过程会影响正在使用的业务通信。对于重要的机房而言，在未报备的情况下断开在用纤芯是不被允许的，因为这可能导致通信中断事故，负面影响极大。因此，对于大规模或复杂的光纤网络，这种方法不太适用，如图 21 所示。

（a）断纤，入射红光

（b）查找红光

（c）找到红光配对

图 21　手工摸纤步骤

2. 光纤识别仪

光纤识别仪分为传统光纤识别仪和在线光纤识别仪两种。这两种光纤识别仪在使用过程中对尾纤无损伤，但在功能上有所差异。

传统光纤识别仪能检测尾纤是否有光、光功率值、光方向等信息，它通过对不同频率的脉冲光（270Hz、1kHz、2kHz）的检测来实现对暗光纤的识别。传统光纤识别仪虽然可以在不中断业务的情况下检查配对关系，但无法在一大堆杂乱的尾纤中精确定位识别尾纤的对应关系。

加拿大 EXFO 公司的 TK-FF 在线光纤识别仪解决了上述问题。其中，LFD-300B 在线信号识别仪类似于传统光纤识别仪，可用于判定光纤是否有光，并能显示其功率及方向。TG-300B 音频发生器是一个无干扰夹持式设备，通过向光纤施加轻柔的低频解调压力，将典型 0.2dB 非破坏性特征信号添加到尾纤中。当 LFD-300B 夹到对应尾纤时，即能检测到该特征信号，从而识别尾纤的对应关系。这种设备适用于目标尾纤位置较清晰或者有大概位置的环境。然而，在大机房、尾纤数量多且关系混乱的情况下使用光纤识别仪时，就如同大海捞针，需要技术人员具备相应的操作技能和经验，如图 22 所示。

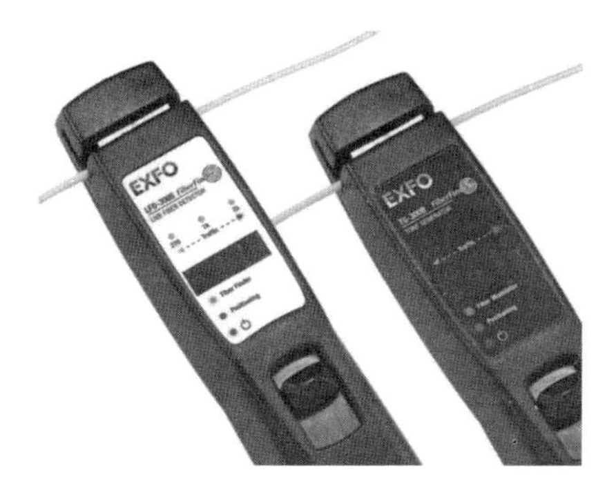

图 22　EXFO 公司的 TK-FF 在线光纤识别仪

三、新式工具介绍

光网易探对纤仪是一种专业的无损光纤识别工具，可以在机房和光交等场景下快速查找光纤两端的配对关系。在使用过程中，只需简单地改变尾纤形态，造成轻微的损耗，对纤仪就能检测到光功率变化。通过与软件 App 进行交互，对纤仪能够实时上报检测到的跳线配对关系，而且不会影响正常的光路业务传输。这种工具能够准确、高效地梳理出机房内占用纤芯是否有业务，可以梳理机房设备之间的连接关系，包括设备—设备、设备—线路侧ODF、设备—设备侧ODF—线路侧ODF、ODF—ODF、光交内等尾纤跳接关系。这有助于运营商更好地管理机房内的纤芯资源，了解纤芯业务情况。

通过这种方式，运营商可以及时发现并处理虚占跳纤和废纤资源，释放现网虚占的光缆纤芯资源，减少无效资源的空间浪费。同时，采集数据同步更新到资源系统可以确保数据的准确性和实时性，提升了存量纤芯连接的数字化能力，助力光纤物理网的规划建设，如图23、图24、图25、图26、图27、图28、图29所示。

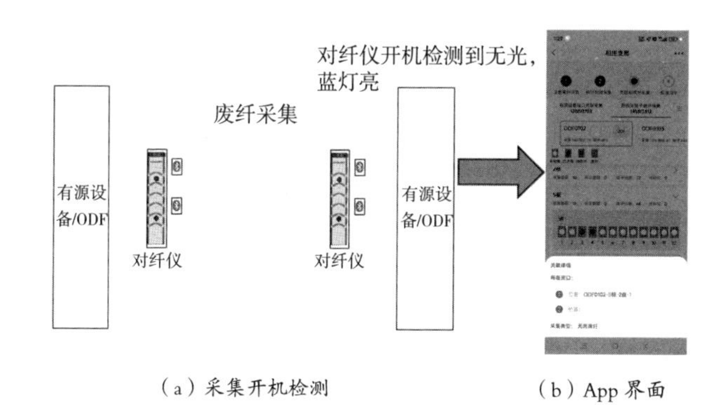

（a）采集开机检测　　（b）App 界面

图 23　采集器开机检测及 App 界面

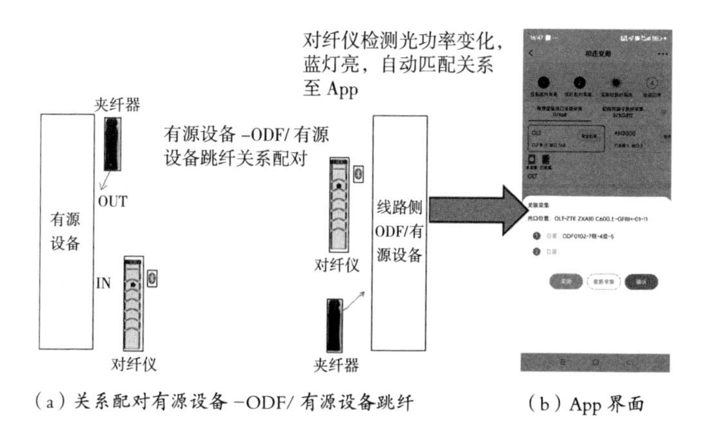

（a）关系配对有源设备 -ODF/ 有源设备跳纤　　（b）App 界面

图 24　设备纤自动配对及 App 界面

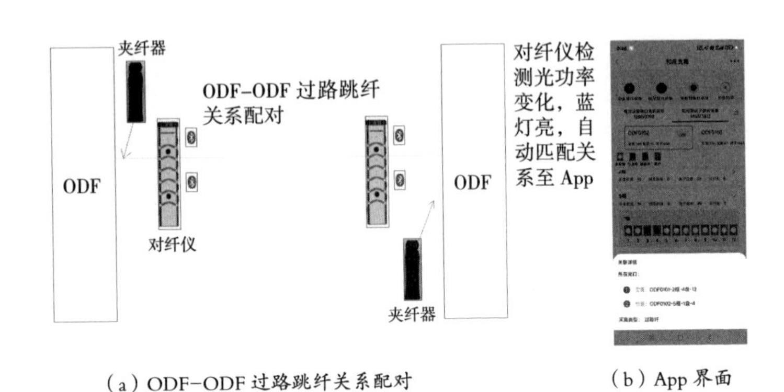

（a）ODF–ODF 过路跳纤关系配对　　（b）App 界面

图 25　过路纤自动配对及 App 界面

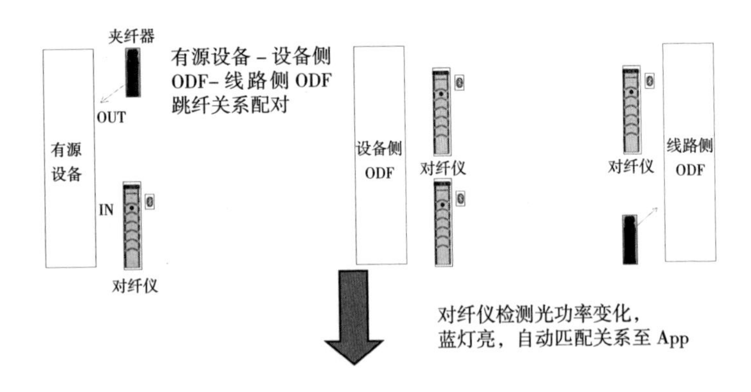

图 26　有源设备 – 设备侧 ODF—线路侧 ODF 跳纤关系配对

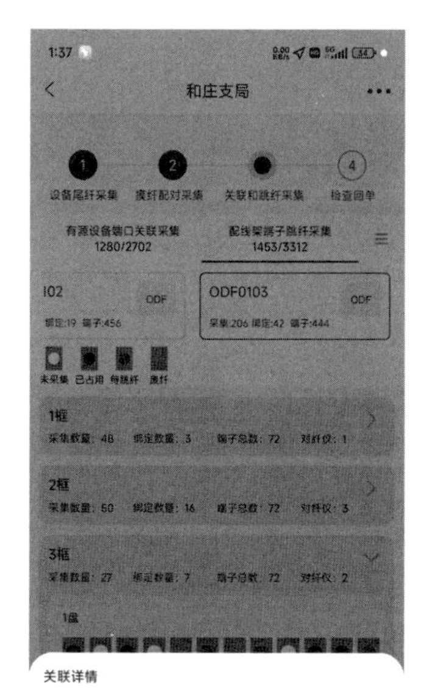
1:37
和庄支局
设备尾纤采集
摸纤配对采集
关联和跳纤采集
检查回单
有源设备端口关联采集
1280/2702
配线架端子跳纤采集
1453/3312
ODF
ODF0103
ODF
采集:206 绑定:42 端子:444
未采集
已占用
待跳纤
跳纤
1框
采集数量: 48　绑定数量: 3　端子总数: 72　对纤仪: 1
2框
采集数量: 50　绑定数量: 16　端子总数: 72　对纤仪: 3
3框
采集数量: 27　绑定数量: 7　端子总数: 72　对纤仪: 2
1盘
关联详情
所在光口：北1列1架背面-ZTE ZXA10 C600-GFBH12-1
位置：ODF0201-1框-1盘-7
位置：ODF0102-2框-5盘-8

图 27　App 界面

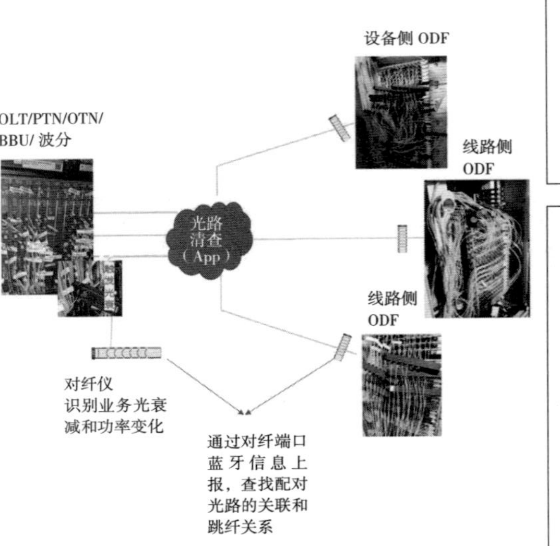

★ 可判断跳纤内部是否有光
★ 可判断跳纤内光的传输方向
★ 可判断跳纤两头的匹配关系
★可将匹配关系直接上传到云端数据库
★无须断开业务，对纤仪自身端口功率损耗在0.5dB 以下。

对纤仪是定位跳纤两端配对关系的工具，实现在机房 / 光交场景下，一种快速查找光纤两端的装置，跟软件（App– 光路清查）进行交互，通过通信模块实时上报检测到的跳线配对关系且不会影响正常的光路业务传输，准确、高效梳理出机房设备端 – 机房 ODF– 外线光缆 – 外线光交 – 外线光缆 – 机房 ODF– 机房设备端多段连接关系。把排摸甄别出的虚占跳纤和废纤资源予以拆除，进而释放现网虚占的光缆纤芯资源，减少无效资源的空间浪费，并同步更新资源系统，提升了存量纤芯连接数字化能力，助力光纤物理网的规划建设。

图 28　对纤仪的功能和安装

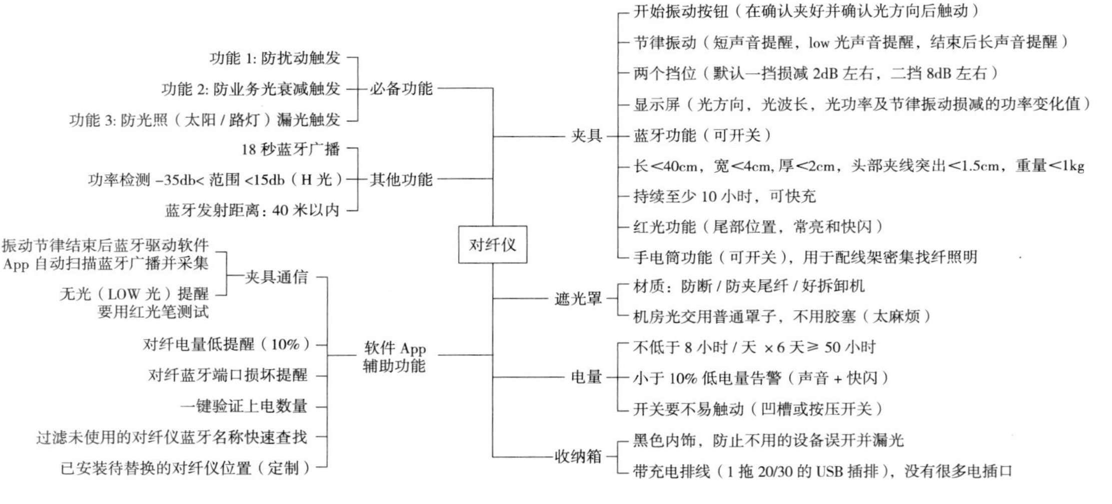
对纤仪
必备功能
功能 1: 防扰动触发
功能 2: 防业务光衰减触发
功能 3: 防光照（太阳 / 路灯）漏光触发
其他功能
18 秒蓝牙广播
功率检测 -35db< 范围 <15db（H 光）
蓝牙发射距离：40 米以内
软件 App 辅助功能
夹具通信
振动节律结束后蓝牙驱动软件 App 自动扫描蓝牙广播并采集
无光（LOW 光）提醒要用红光笔测试
对纤电量低提醒（10%）
对纤蓝牙端口损坏提醒
一键验证上电数量
过滤未使用的对纤仪蓝牙名称快速查找
已安装待替换的对纤仪位置（定制）
夹具
开始振动按钮（在确认夹好并确认光方向后触动）
节律振动（短声音提醒，low 光声音提醒，结束后长声音提醒）
两个挡位（默认一挡损减 2dB 左右，二挡 8dB 左右）
显示屏（光方向，光波长，光功率及节律振动损减的功率变化值）
蓝牙功能（可开关）
长<40cm，宽<4cm，厚<2cm，头部夹线突出<1.5cm，重量<1kg
持续至少 10 小时，可快充
红光功能（尾部位置，常亮和快闪）
手电筒功能（可开关），用于配线架密集找纤照明
遮光罩
材质：防断 / 防夹尾纤 / 好拆卸机
机房光交用普通罩子，不用胶塞（太麻烦）
电量
不低于 8 小时 / 天 ×6 天≥ 50 小时
小于 10% 低电量告警（声音 + 快闪）
开关要不易触动（凹槽或按压开关）
收纳箱
黑色内饰，防止不用的设备误开并漏光
带充电排线（1 拖 20/30 的 USB 插排），没有很多电插口

图 29　对纤仪主要功能

四、新旧式工具效果对比

新旧式工具效果对比见表2。

表2

序号	摸纤方式	优点	是否适用于大规模纤芯排摸	成本	效率	记录方式	准确性	缺点
1	人工排摸	1. 成本低 2. 无须断开业务纤芯	否	人工成本高，无设备成本	低	人工手动记录	一般	1. 需上走线架排摸，效率极低 2. 尾纤多，容易出错 3. 需人工记录
2	红光笔	1. 成本低 2. 准确性高	否	人工成本高，设备成本低	中等	人工手动记录	高	1. 需断开业务，需申请报备 2. 对环境要求高，光线太强不好判断 3. 需人工记录
3	光纤识别仪	1. 无须断开业务纤芯 2. 能判断尾纤内部是否有光	否	人工成本高，设备成本高	低	人工手动记录	一般	1. 需要一根一根测，效率低 2. 需人工记录
4	对纤仪	1. 无须断开业务纤芯 2. 能判断尾纤内部是否有光 3. 效率高，准确性高 4. 无须人工记录，App 一键采集并记录，系统导出跳纤关系	是	人工成本低，设备成本高	高	采集自动出结果，一键保存	高	无

第五讲

现网模拟及数值验证

新式工具是定位跳纤两端配对关系的工具。该工具可以实现在机房场景下，快速查找光纤两端的装置并与软件 App 进行交互，实现光纤两端快速查找并自动配对记录功能。它能实时检测配对关系且不影响跳纤业务传输，并通过通信模块自动上报；准确、高效地排查虚占跳纤，减少无效资源的沉淀，提升存量纤芯连接关系数字化能力，高效梳理机房设备端—机房 ODF—外线光缆—外线光交—外线光缆—机房 ODF—机房设备端多段连接关系，并同步更新资源系统中的成端占用关联的内外线信息。

现网模拟检测步骤如下。

一、光网易探灵敏度检测

1. 检测对象

利用模拟环境，针对光网易探接收端，对 1310nm 和 1550nm 波长的最小光灵敏度进行检测。

2. 模拟环境

（1）主要设备

①稳定光源。

可稳定输出 -35~10dBm 功率的光源，且具备 1310nm 和 1550nm 两种波长输出接口。

②可调光衰。

③光功率计。

④电脑设备及串口线。

（2）环境搭建

灵敏度检测环境搭建，如图 30 所示。

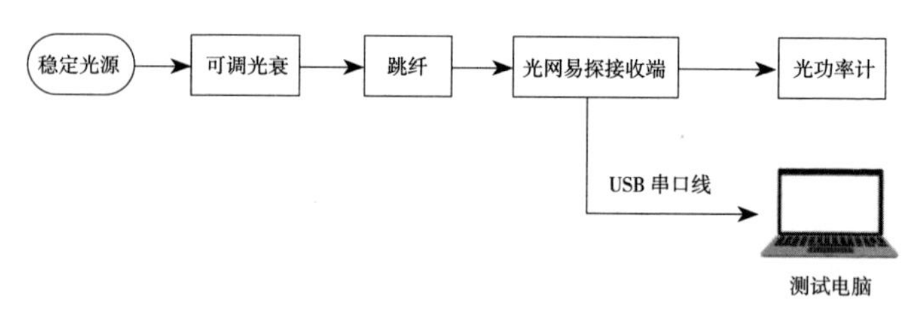

图 30　灵敏度检测环境搭建流程

3. 检测操作步骤

（1）按照图 30 所示进行模拟环境设备摆放及接线。

（2）按照图 30 所示位置，使用光网易探接收端夹住 Φ2.0 光纤。

（3）光网易探接收端开机，并在电脑上启动串口调试工具 sscom。

（4）在串口调试工具 sscom 中输入：Print-Debug InfoEn。

（5）调节光源的功率：−35dBm（1550nm 光源）、−25dBm（1310nm 光源）。

（6）查看对应夹纤通道信息，有电流数值输出且随光功率变化时，即可测试最小灵敏度，如图 31 所示。

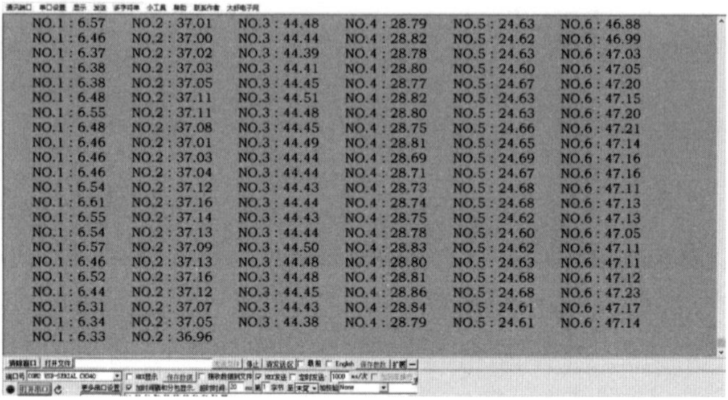

NO.1 : 6.57	NO.2 : 37.01	NO.3 : 44.48	NO.4 : 28.79	NO.5 : 24.63	NO.6 : 46.88
NO.1 : 6.46	NO.2 : 37.00	NO.3 : 44.44	NO.4 : 28.82	NO.5 : 24.62	NO.6 : 46.99
NO.1 : 6.37	NO.2 : 37.02	NO.3 : 44.39	NO.4 : 28.78	NO.5 : 24.63	NO.6 : 47.03
NO.1 : 6.38	NO.2 : 37.03	NO.3 : 44.41	NO.4 : 28.80	NO.5 : 24.60	NO.6 : 47.05
NO.1 : 6.38	NO.2 : 37.05	NO.3 : 44.45	NO.4 : 28.77	NO.5 : 24.67	NO.6 : 47.20
NO.1 : 6.48	NO.2 : 37.11	NO.3 : 44.51	NO.4 : 28.82	NO.5 : 24.63	NO.6 : 47.15
NO.1 : 6.55	NO.2 : 37.11	NO.3 : 44.48	NO.4 : 28.80	NO.5 : 24.63	NO.6 : 47.20
NO.1 : 6.48	NO.2 : 37.08	NO.3 : 44.45	NO.4 : 28.75	NO.5 : 24.66	NO.6 : 47.21
NO.1 : 6.46	NO.2 : 37.01	NO.3 : 44.49	NO.4 : 28.81	NO.5 : 24.65	NO.6 : 47.14
NO.1 : 6.46	NO.2 : 37.03	NO.3 : 44.44	NO.4 : 28.69	NO.5 : 24.69	NO.6 : 47.16
NO.1 : 6.46	NO.2 : 37.04	NO.3 : 44.44	NO.4 : 28.71	NO.5 : 24.67	NO.6 : 47.16
NO.1 : 6.54	NO.2 : 37.12	NO.3 : 44.43	NO.4 : 28.73	NO.5 : 24.68	NO.6 : 47.11
NO.1 : 6.61	NO.2 : 37.16	NO.3 : 44.44	NO.4 : 28.74	NO.5 : 24.68	NO.6 : 47.13
NO.1 : 6.55	NO.2 : 37.14	NO.3 : 44.43	NO.4 : 28.75	NO.5 : 24.62	NO.6 : 47.13
NO.1 : 6.54	NO.2 : 37.13	NO.3 : 44.44	NO.4 : 28.78	NO.5 : 21.60	NO.6 : 47.05
NO.1 : 6.57	NO.2 : 37.09	NO.3 : 44.50	NO.4 : 28.83	NO.5 : 24.62	NO.6 : 47.11
NO.1 : 6.46	NO.2 : 37.13	NO.3 : 44.48	NO.4 : 28.80	NO.5 : 24.63	NO.6 : 47.11
NO.1 : 6.52	NO.2 : 37.16	NO.3 : 44.48	NO.4 : 28.81	NO.5 : 24.68	NO.6 : 47.12
NO.1 : 6.44	NO.2 : 37.12	NO.3 : 44.45	NO.4 : 28.86	NO.5 : 24.68	NO.6 : 47.23
NO.1 : 6.31	NO.2 : 37.07	NO.3 : 44.43	NO.4 : 28.84	NO.5 : 24.61	NO.6 : 47.17
NO.1 : 6.34	NO.2 : 37.05	NO.3 : 44.38	NO.4 : 28.79	NO.5 : 24.61	NO.6 : 47.14
NO.1 : 6.33	NO.2 : 36.96				

图 31　光功率灵敏度测试

4. 测试结果

光网易探对 1550nm 波长光灵敏度为 −35dBm，对 1310nm 波长光灵敏度为 −25dBm。

二、光网易探夹纤损耗检测

1. 检测对象

利用模拟环境，针对光网易探接收端，对光纤的夹纤损耗进行检测。

2. 模拟环境

（1）主要设备

①稳定光源。

可稳定输出 –35~10dBm 功率的光源，且具备 1310nm 和 1550nm 两种波长输出接口。

②可调光衰。

③光功率计。

（2）环境搭建

夹纤损耗检测环境搭建，如图 32 所示。

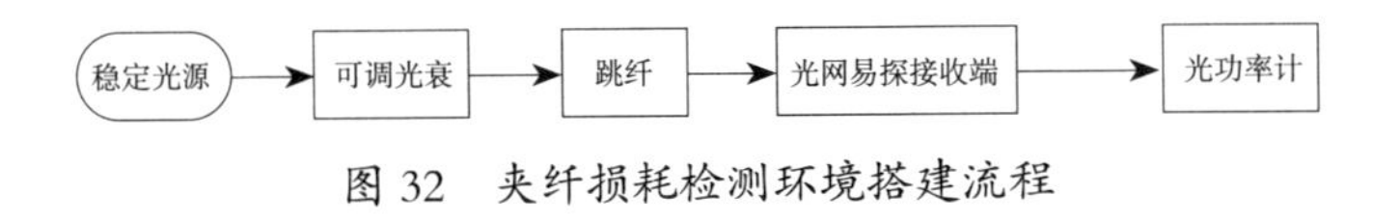

图 32　夹纤损耗检测环境搭建流程

3. 检测操作步骤

（1）按照图 32 所示进行模拟环境设备摆放及接线。

（2）按照图 32 所示位置，使用光网易探接收端夹住 $\Phi 2.0$ 光纤。

（3）根据光功率计上的显示数值，将光源（波长1550nm）功率调整至10dBm。

（4）将光纤（Φ2.0、Φ3.0）前后夹入对纤仪，读取光功率计上的功率值。

（5）计算上述步骤光功率差值，即为光网易探夹纤损耗。

4. 测试结果

光网易探对内部为1550nm波长光的光纤夹纤损耗小于1dB，对内部为1310nm波长光的光纤夹纤损耗小于0.3dB。

三、光网易探识别准确率检测

1. 检测对象

利用模拟环境，针对光网易探识别准确率进行检测。

2. 模拟环境

（1）主要设备

①稳定光源。

可稳定输出 –35~10dBm 功率的光源，且具备 1310nm 和 1550nm 两种波长输出接口。

②可调光衰。

③光功率计。

（2）环境搭建

识别准确率检测环境搭建，如图 33 所示。

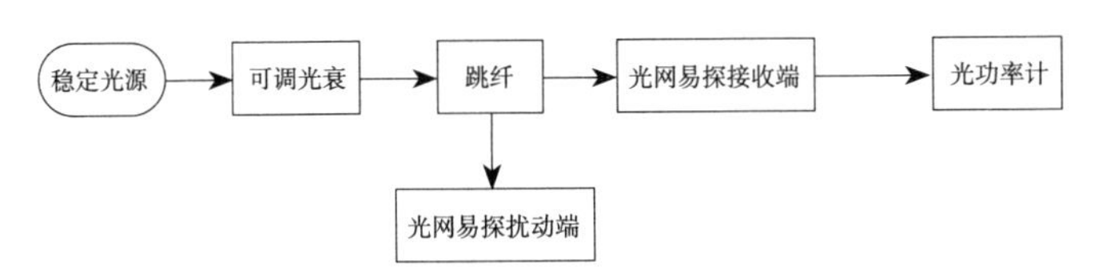

图 33　识别准确率检测环境搭建流程

3. 检测操作步骤

（1）按照图 33 所示进行模拟环境设备摆放及接线。

（2）按照图 33 所示位置，使用光网易探接收端满夹 6 根光纤，夹住 Φ2.0 光纤；分别连接 6

台稳定光源。

（3）将光源调整光功率（-24~8dBm），分别对波长 1310nm 和 1550nm 光源进行测试，输入光功率 按照 8dB（8，0，-8，-16，-24）5 个挡位来验证相应输出结果。

（4）使用光网易探扰动端逐个夹持或扰动连接在可调光衰耗器和光网易探接收端之间的光跳纤，观察指示灯有变化则验证成功。

（5）计算上述步骤完成后 6 个夹纤通道与扰动一致的准确率。

4. 测试结果

光网易探对 1310nm 和 1550nm 两种波长光纤识别准确率为 100%，如图 34 所示。

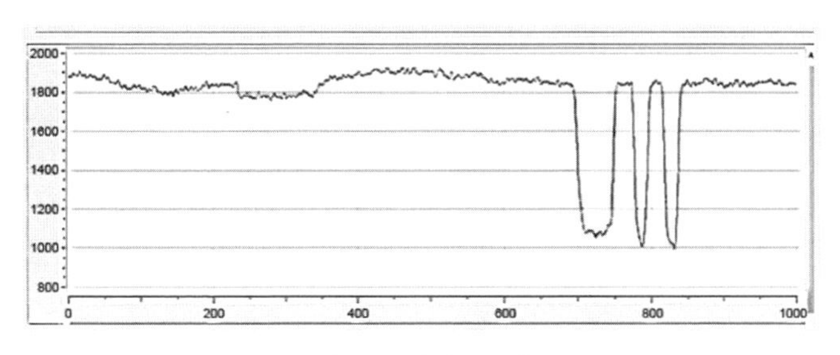

图 34 波长识别

四、光网易探蓝牙及识别状态检测

1. 检测对象

利用模拟环境针对光网易探蓝牙及识别状态进行检测。

2. 模拟环境

（1）主要设备

①稳定光源。

可稳定输出 -35~10dBm 功率的光源，且具备 1310nm 和 1550nm 两种波长输出接口。

②可调光衰。

③光功率计。

④测试手机。

（2）环境搭建

蓝牙检测环境搭建，如图 35 所示。

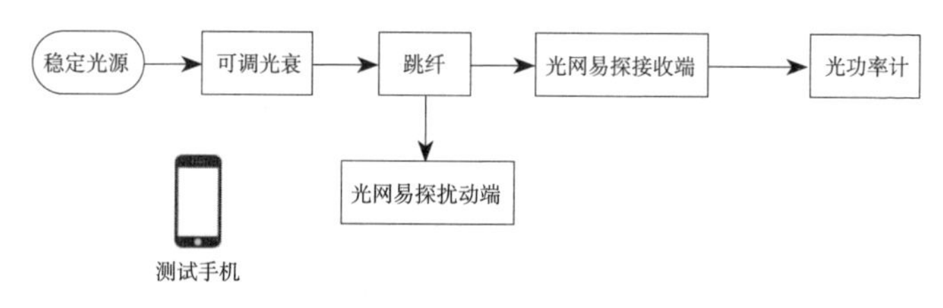

图 35 蓝牙检测环境搭建流程

3. 检测操作步骤

（1）按照图 35 所示进行模拟环境设备摆放及接线。

（2）按照图 35 所示位置，使用光网易探接收端夹住 Φ2.0 光纤。

（3）使用 BLE 调试助手将设备与手机相连。

（4）分别提供 1310nm 和 1550nm 光源，用

光网易探扰动端夹持，使蓝牙触发。

（5）用手机 App 刷新接收蓝牙信号，任意布放手机至设备周边，测试蓝牙信号的最大值。

4. 测试结果

光网易探接收端触发的蓝牙信号测试值超过 –40dBm，满足现场使用要求，如图 36 所示。

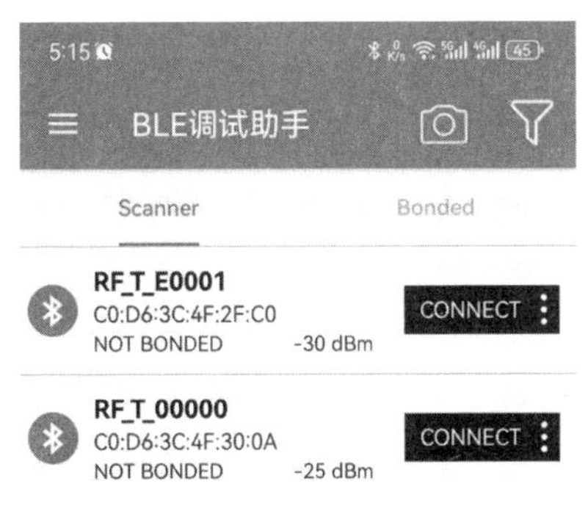

图 36　蓝牙信号测试

第六讲

软件及辅助工具

一、光功率检测算法

光功率检测电子设备用于检测光纤设备的功率输出或通过光纤传输的光信号的功率。普遍的测量方式是将光源的光注入光纤的一端，然后使用连接到光纤另一端的光功率计测量接收到的光功率。然而，不同波长的光在光纤中的损耗也不同，且光功率计探头接收响应度也不同，因此在测量时必须确保输入的光波长和设备所检测的波长相对应，如图 37 所示。

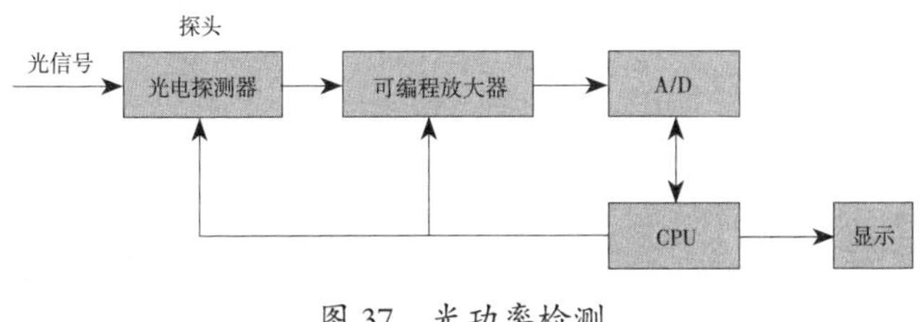

图 37　光功率检测

光功率是对光的亮度或者强度的简单表述。在光纤网络中，光功率的单位常用毫瓦（mW）或分贝毫瓦（dBm）表示。其关系可以用以下公式表示：

$$P\,(\mathrm{dBm}) = 10\lg\left(\frac{P_{(\text{光功率, mW})}}{1\mathrm{mW}}\right)$$

光功率损耗L（光损耗）常用来规范光纤衰减，单位为 dB，计算公式为：

$$L = 10\lg\left(\frac{P_{(\text{输入光功率, mW})}}{P_{(\text{输出光功率, mW})}}\right)$$

在一定强度的光照射下，光电效应会产生电流，称为光电流，该电流与光的强度成正比。输出电流公式如下：

$$I_{\mathrm{OUT}} = I_{\mathrm{DARK}} + I_{\mathrm{PD}}$$

式中，I_{DARK} 为光电二极管的暗电流，I_{PD} 为光在 PD 管上产生的电流，I_{OUT} 为光电二极管的输出电流。

给定波长下，产生的光电流（I_{PD}）和入射光功率（P）的比值为 R_{λ}，即为光电二极管的响应度。

$$R_{\lambda} = \frac{I_{\mathrm{PD}}}{P}$$

式中，R_{λ} 为厂家出厂给定的值，其值为：

$$R_{\lambda}=\frac{1\text{mA}}{1\text{mW}}$$

R_{λ} 即为在给定波长下，光电二极管产生的 1mA 光电流与入射光功率 1mW 下的比值。上述关系式，可以通过测量到的光电流（I_{PD}）来计算得到入射光功率（P）。由于硬件系统只能对电压进行探测计算，故将电流信号转化为电压信号进行探测，采用的电路如图 38 所示。

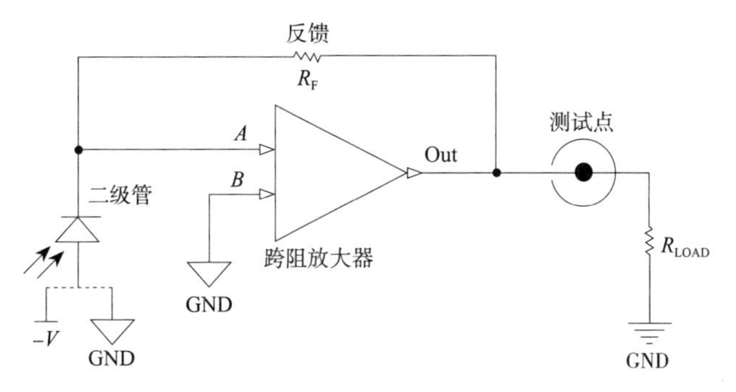

图 38　电流信号轻化为电压信号探测

因此，在不考虑电流转换，以及其他参数的影响下（即为相对理想模型下），能够知道光功率的计算公式及算法，可以参考以下公式：

$$V_{OUT}=I_{OUT}R \times R_{LOAD}$$

公式中，V_{OUT} 指输出电压，I_{OUT} 指输出电流，R_{LOAD} 指负载电阻。

根据 PD 的相应度的转换，可以将入射的光功率转化为电压信号，从而通过检测到电压值的大小，得出其入射光功率的大小。

二、电动夹纤器

1. 电动夹纤器背景

在线式的手持光纤信号发生器是一种测试辅助性工具，可与在线光纤识别仪、在线光纤检测器和暗光纤识别仪配套使用，实现真正高效的光纤管理。它摆脱了通过人工手动产生识别信号的传统方式，显著提升了识别的准确性、标准性和时效性。

在传统光纤检测中，通常依赖于传统的光纤检测功能（LFD）来实现检测目的。然而，这种方法在精确定位特定在线光纤时存在局限性，尤其是在标记方法不明确或记录保存不佳的情况下。此外，它无法有效帮助准确断开正确的光纤。传统的光纤检测仪器通常具备特定的夹持频率和光纤夹持时产生的光功率变化。然而，人工进行夹持操作往往难以保持一致的标准，这可能导致对数据事件的误判。如果断开的光纤不正确，可能会引发设备停机，从而造成昂贵的停机成本，这种问题实际上是可以通过改进检测方法轻松避免的。

因此，我们需要一款适配对纤仪操作系统的光纤夹纤器。在整个系统中，夹纤器需要设计成一个电动且标准的设备，以满足现场需求。夹纤器应具备续航时间长、单手操作、性能稳定、体积轻巧、重量适中等特点。

2. 电动夹纤器应用

FOC100 电动夹纤器是一款采用了新式技术的无干涉、无中断的夹持式信号发生器，将其与

FIC200 配合使用，可以满足光纤系统的需求，并确保损耗维持在较低水平。

在工作时，FOC100 会产生特定频率信号并施加轻柔的低频调制压力，将耦合频率信号添加到在线信号中。随后，经过几秒钟短暂的信号解调，对纤仪就能检测到 FOC100 电动夹纤器的耦合信号并触发事件。检测到的信号将被上报至 App 和云端，从而可以准确识别目标光纤及其基本状态，达到排查、维护光纤系统的目的，如图 39 所示。

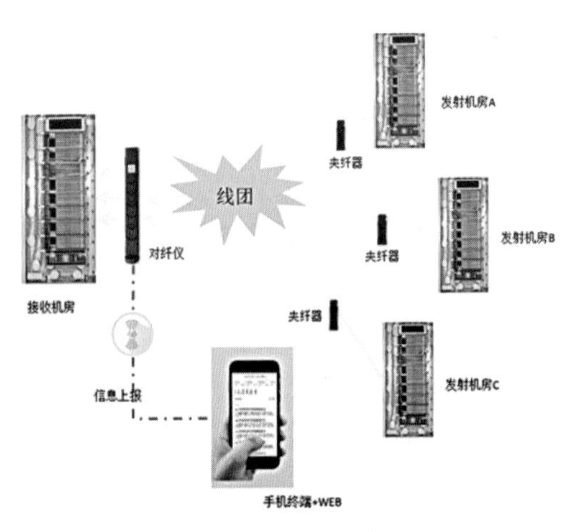

图 39　对纤仪工作示意图

对于大多数单模光纤而言，插入损耗的大小受到弯曲角度的影响。尽管不同的弯曲角度会导致不同的损耗水平，但其行为趋势是相同的。弯曲特性可参考图 40。

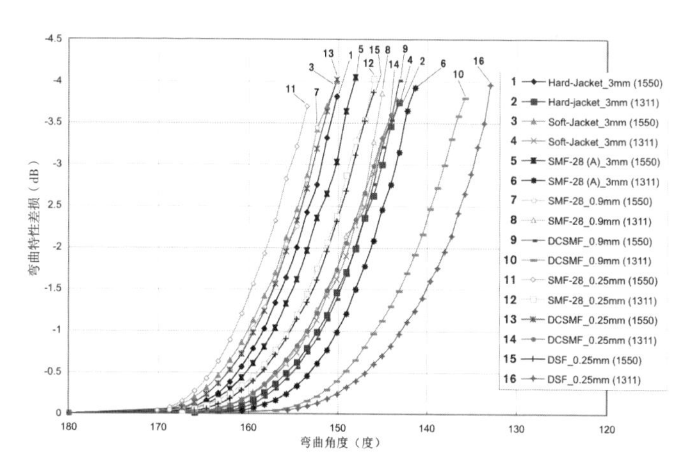

图 40　弯曲特性差损与弯曲角度参考图

在配合使用时，电动夹纤器应置于光纤的出光端。光在光纤中传播时，耦合在光纤中的信号与光纤中光的传播方向呈对应关系，因此，当对纤仪置于光纤电动夹纤器的上端时，其耦合的信号只能通过光纤内部的光纤反射，所以信号非常微弱，可以忽略不计。另外，由于采用的是无损光纤的方式且利用光纤漏光的特性进行探测，因此在电动夹纤器上端放置时无法探测到耦合在光纤中的信号。

在使用环境中，电动夹纤器应符合以下要求。

（1）相对湿度：0~95%，无冷凝。

（2）主机环境：无振动、无尘埃、无腐蚀性气体、无可燃性气体、无油雾、无水蒸汽、无滴水或盐分。

（3）大气压力：正常大气压下。

（4）存储温度：–20℃ ~70℃。

（5）工作温度：–20℃ ~45℃。

电动夹纤器需要与对纤仪配合使用，且应置

于光源的输出方，并在对纤仪的上端位置，根据现场纤芯情况使用不同差损挡位控制，满足现场触发对纤仪的控制需求，如图 41 所示。

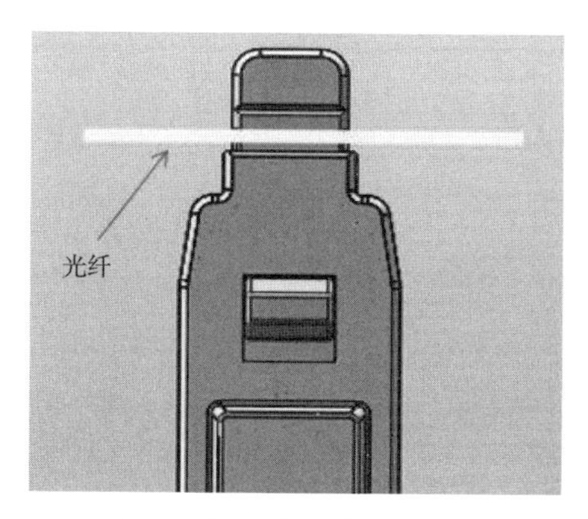

图 41 电动夹纤器光纤动作

3. 电动夹纤器硬件

电动夹纤器整机如图 42 所示。

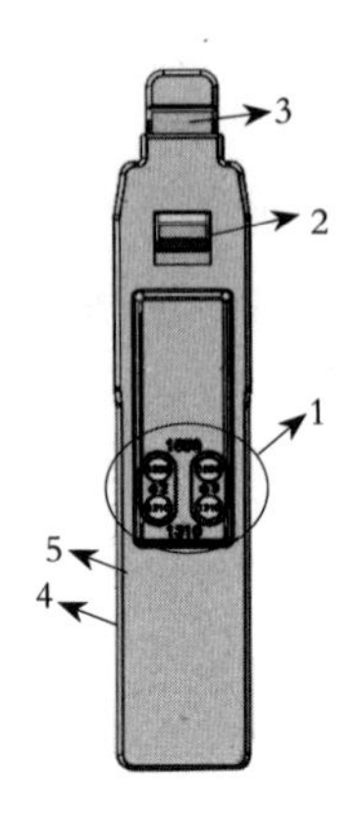

1—集开关、暂停键、功能按键于一体； 2—夹纤手动夹持推拉键； 3—夹纤位置； 4—该位置左侧处为 Type_C 充电接口； 5—工作指示区域

图 42 电动夹纤器整机示意图

三、专用软件平台——哑资源管理

对纤仪是一种用于定位跳纤两端检测配对的工具，主要用于在机房或光交场景下快速查找光纤两端的装置。它能够与软件中的“光路清查”模块进行交互，通过通信模块实时上报检测到的跳线配对关系，而不会影响正常的光路业务传

输。这种工具能够准确、高效地梳理出机房设备端到机房 ODF、外线光缆、外线光交，再到机房 ODF、机房设备端的多段连接关系。

通过使用对纤仪，运营商可以识别并拆除虚占跳纤和废纤资源，从而释放现网中虚占的光缆纤芯资源，减少无效资源的空间浪费。同时，对纤仪能够同步更新资源系统，提升了存量纤芯连接的数字化能力，助力光纤物理网的规划建设。图 43 是对纤仪对接软件资管平台的示意图。

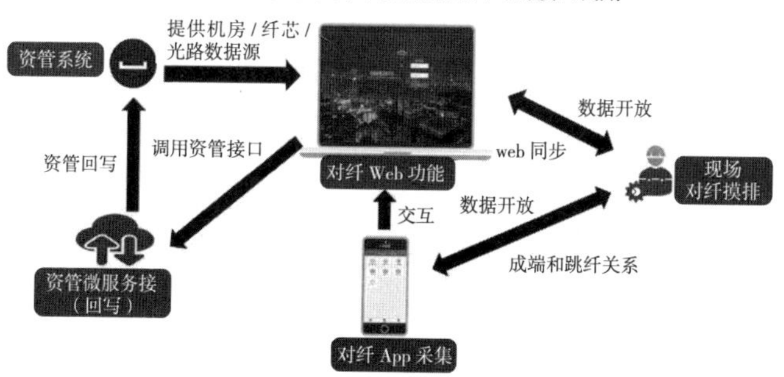

图 43 对纤仪对接软件资管平台的示意图

四、光网易探软件

以下将对摸纤的操作流程指引作简单的说明。

1. 工单创建

工单创建如图 44 所示。

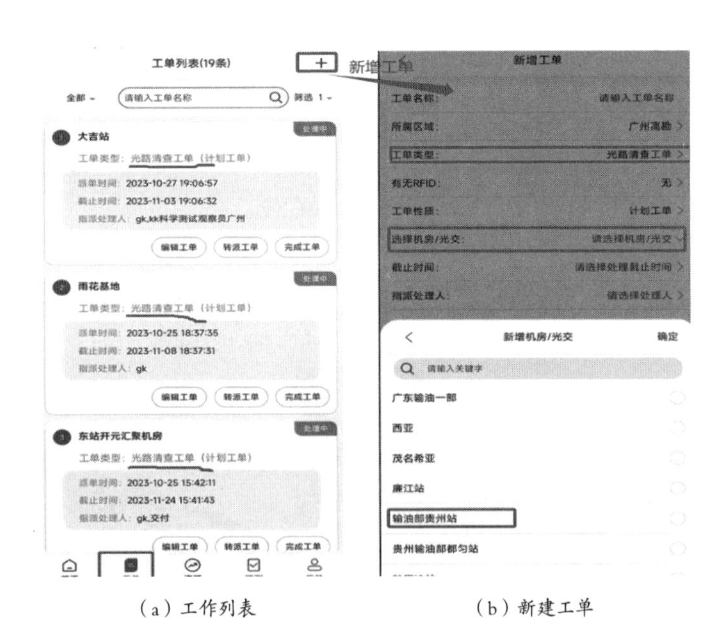

（a）工作列表　　　　（b）新建工单

图 44　纤芯摸排工单列表及新建工单界面

2. 有源设备尾纤查看

有源设备尾纤查看，如图 45 所示。

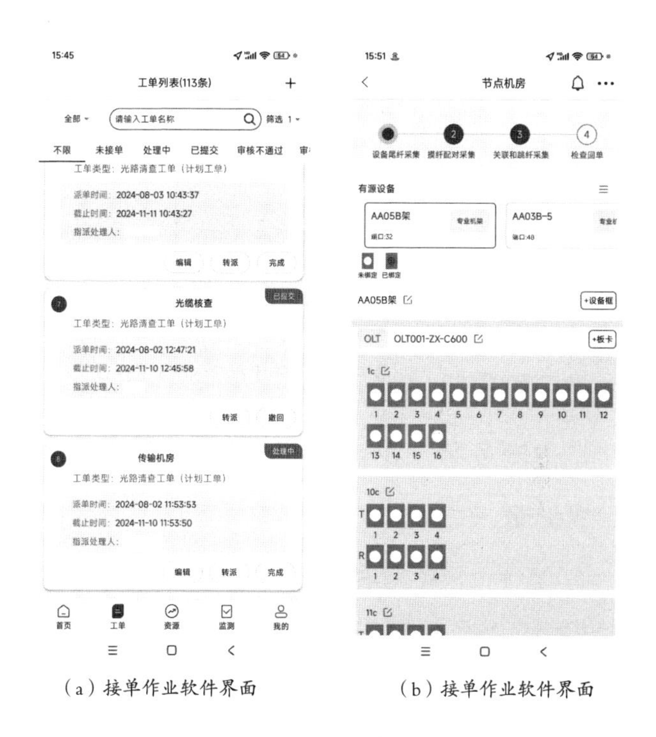

(a) 接单作业软件界面　　(b) 接单作业软件界面

图 45　工单接单页面

接单作业分四个步骤进行（有源查看或安装—配对—采集—回单），如图 46 所示。

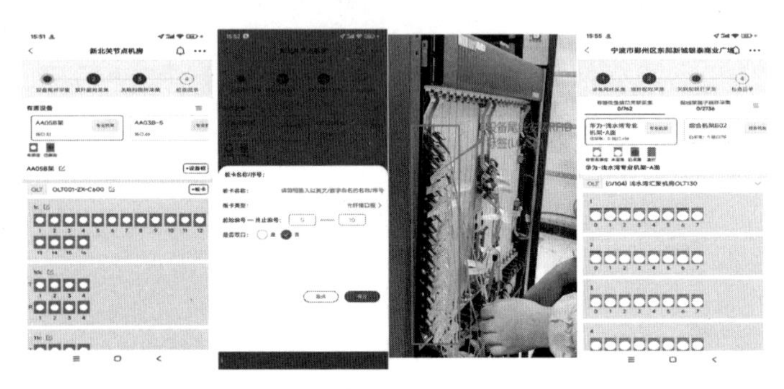

图 46 接单作业流程软件展示

机房网改时，需要安装 RFID 标签；如果没有，可忽略。

3. 摸纤工具配对绑定

摸纤工具配对绑定，如图 47 所示。

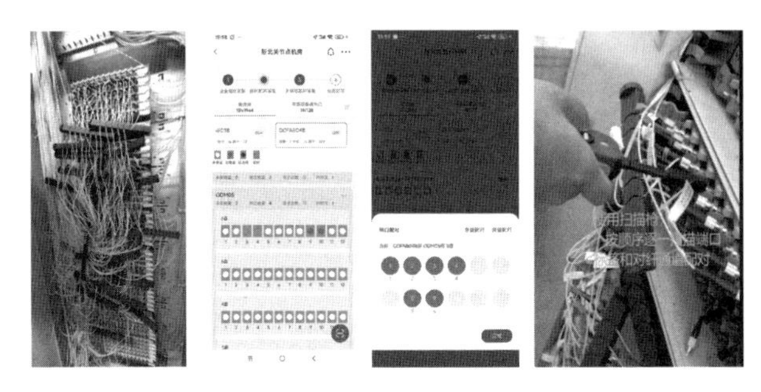

图 47　排摸配对示意图

在配线架 ODF 的尾纤上安装对纤仪，从左到右依次夹线，中间不留空，并依次扫描 ODF 的端口标签，建立绑定关系，如图 48 所示。

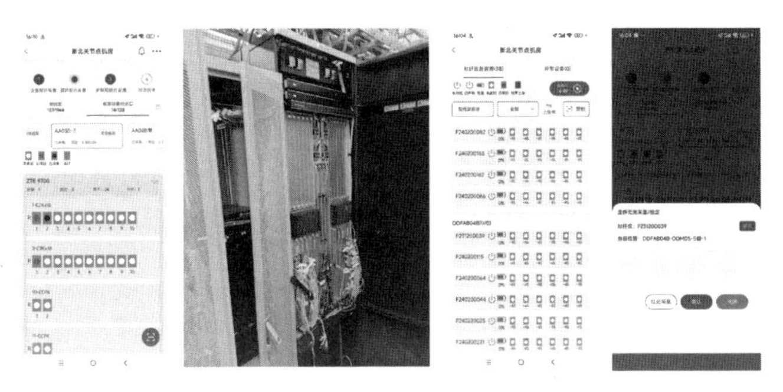

图 48　对纤安装及端口扫描

在安装对纤仪并开机上电的 12s 内，对纤仪会识别纤芯有无业务光。如果没有业务光则表示此尾纤为无光废纤，需要做拆除或标注，并发起废纤拆除工单流程。

4. 有源设备端口关联采集

有源设备端口关联采集，如图 49 所示。

图 49　有源设备端口关联采集

有源设备 PTN/BBU/OLT/OTN/ 波分尾纤进行三次握力，然后用扫描枪扫描尾纤标签，平台

App 自动接收蓝牙广播信号，完成有源设备到配线架设备的端口关联和端子跳纤采集。

5. 配线架端子跳纤采集

配线架端子跳纤采集，如图 50 所示。

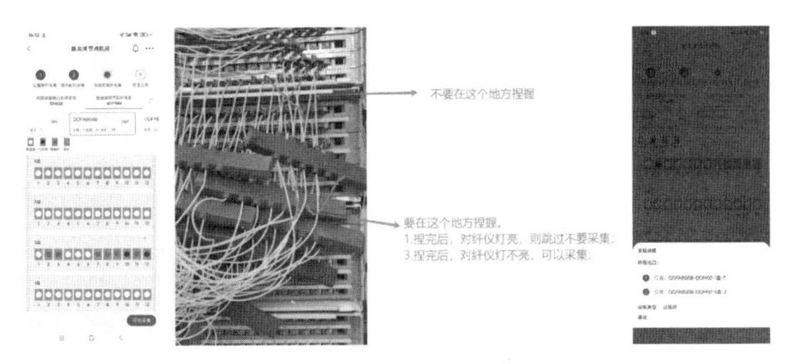

图 50 配线架端子跳纤采集

操作人员在 App 上找到 ODF 架上没有被配对的端子，对相关端子位置尾纤握力三次进行触发采集，然后用扫描枪扫描端子标签进行标签绑定；平台 App 自动接收触发采集结果的蓝牙广播信号，完成剩余的跳纤关系自动采集（过路跳纤或废纤虚占）。

6. 检测并回单

检测并回单软件界面，如图 51 所示。

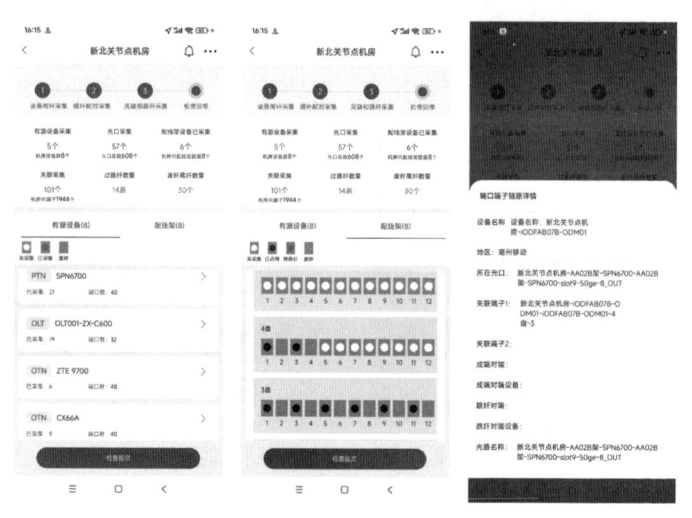

图 51 检测并回单软件界面

确认机房或光交的设备跳纤作业完成后，提交工单；结合业务区全量清查数据，对全程光路的跳纤关系、废纤关系、业务关系做回写（对接资管 / 管网平台），完成光路路由的清查闭环作业。

7. 光路管理

光路管理功能界面，如图 52 所示。

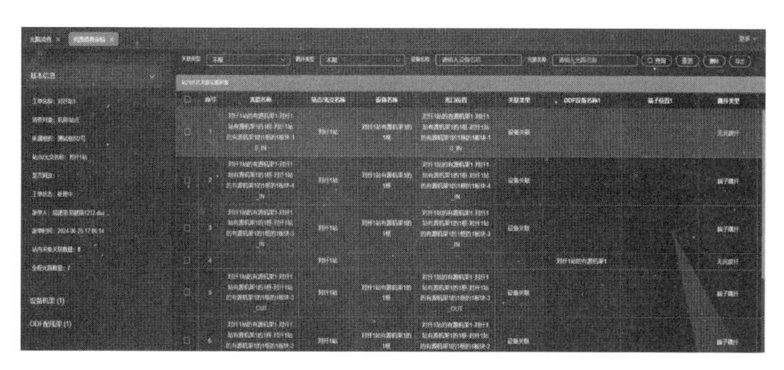

图 52　光路管理功能界面

WEB 端：完成对纤工单管理页、光路及路由管理、回写管理 (手动回写)、日志管理。其他服务或调用：光路路由清空接口、光路路由回写接口、设备端口关联清除、设备端口关联新建、端子跳接拆除、局向光纤成端同设备批量替换、局向光纤成端跨设备批量替换接口、代维计费推送接口、工作量统计数据推送等。

8. 废纤拆除工单

废纤拆除工单，如图 53 所示。

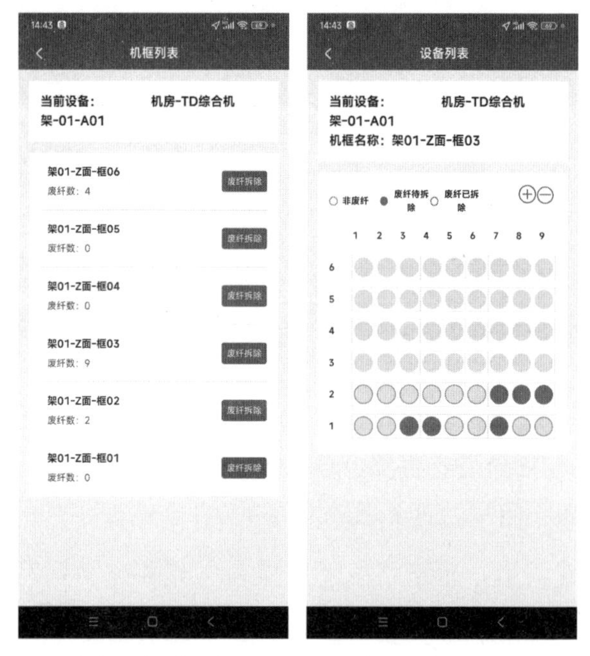

（a）工单列表信息　　（b）工单具体信息

图 53　废纤拆除工单列表及具体页面

派发废纤拆除工单，现场进行废纤拆除。

9. 工具优势

此产品打破了国内外一些传输仪表主流厂家的技术壁垒，独辟蹊径地结合哑资源数字化孪生做了独特的技术创新，已申请发明专利 1 项——《光纤路径的确定方法、光纤路径的确定装置》，外观设计专利 1 项——《对纤仪》。目前，“光网易探”跳纤核查工具配套硬件已开始批量生产，在浙江全省开展落地应用，为行业首创。

（1）硬件创新：自研智慧摸纤工具“光网易探”，在使用时只需依次将尾纤放置在对应的光纤槽中，在发光端进行有规律的光功率扰动，即可完成尾纤双端采集，采集信息实时上传后台，无须人工记录。

（2）软件创新：自研自动光路组合算法，自动拼接组成光路，形成全程光路，并结合资管数据，呈现业务全程 GIS 信息，助力故障抢修及业务维护。

（3）流程创新：自研开发管理平台，打通资管—App—管理平台之间的数据接口，多系统协作，完成光路数据一键回写资管；同时自动计算虚占纤芯清单，助力废、虚占纤芯腾空，释放存量纤芯资源。

经过三年的时间，我们搭建平台，对硬件工具进行打磨，通过开发哑资源数智化摸纤工具，实现快速、高效、精准的尾纤两端关系采集，助力批量排摸光纤承载业务，实现纤芯中的业务数智化管理。在数智化基础上进行流程重构，大幅精简流程环节，提升单个流程环节的处理效率，保证数据修正的准确度和覆盖范围，降低流程整体时长和复杂度，提升生产运维效率。纤芯摸排时间从每芯 10min 减少为每芯 10s，现场人员可单人操作，从缩短操作时间和减少人员投入看，效率提升了 120 倍［注：原 2 人一组，10min 一芯，变为 1 人一组，10s 一芯，（2×60×10−10）/

1×10=120倍]。

（4）效率提升：以金华的规模化试点为例，数智化摸纤工具在提升数据采集效率、准确率以及数据维护效率方面表现卓越。数智化摸纤工具实现了尾纤两端关系的快速、高效、精准采集，并与现场操作动作实现了实时同步，确保了资源数据与现场实际状态的一致性，准确率接近100%。金华的存量传输光路共有13万条，已完成7.5万条，历时5个月。相比之下，若采用传统方式进行同等数量的光路摸排，所需时间将难以估量。此外，后台资源管理人员的数量减少了80%，显著提升了整体操作效率。

（5）经济效益：以金华的规模化试点为例，通过光网易探工具完成的现场数据采集分析了6000条光缆成端的光跳纤，这些光缆占金华全量光缆的约10%。分析显示，这些光缆占用的纤芯总数为16.7万芯，其中虚占纤芯为3.8万芯，总计 6.9 万芯公里。按当年新建光缆线路的平均单价计算，投资额约为 1096 万元。拆除虚占纤芯后，通过“利旧”光缆 214 条（“利旧”指充分利用旧有资源以节约成本），涉及 4664 芯公里，投资约为 134 万元。

2024—2026 年，浙江省将完成全省节点机房 ODF、基站 ODF/ 综合架、光交 ODM 的存量尾纤核查工作。按同规模预测，全省预计将核查出几百万芯的虚占成端，约合上千万芯公里的虚占纤芯。这将有助于减少后续重复冗余光缆线路敷设的投资，预计节约成本超过上亿元。

后 记

作为中国移动哑资源管理团队成员之一，同时也是一名一线员工，笔者很荣幸能将自己的工作经验转换成工具，解决关键问题，大幅缩减成本，助力生产。中国移动通信集团浙江有限公司移动网络部的哑资源数字化工作室积极运用数字化采集手段来实现传输外线生产的数字化转型，并研发出一系列哑资源数字化管理、生产工具，如杆井一扫、跳纤雷达、光缆声呐、光网易探等，获得了中国移动集团的高度认可。感谢公司给我们提供了展示自己才能的平台，也让我们能为公司的发展贡献出自己的一分力量。“陈佐佐工作法”虽然署名个人，但是背后却融合了中国移动通信集团、中国移动通信集团浙江有限公司的众多领导和同事的心血；融合了中国移动哑资源团队（陈洪涛、魏强、丁东、熊宙实、吴雪霁、王坚、陈晗、吕晓敏、楼基海、陈红明）等众多工匠的心血；融合了全国传输专业人员、研发人员、维护人员的经验。

笔者和团队每时每刻都在想法突破传输网的工作难点，解决相关问题，打破相关技术壁垒。在工作中、创新中，做好一个功能模块，做好一个流程以后，每个人还会想怎样才能做得更细，做得更快，做得更好。所以，在工作中，我们不断有灵感，不断讨论，不断突破自我。

目前，我们团队紧跟“数字中国”战略的步伐，促协同、强赋能，构建网络资源数智生产运营体系，激发公司数据要素新动能，将传统传输通过数字化的手段转型成可监控、可溯源、可稽核的智慧化运维专业。在一线生产过程中，团队不断创新更加适用于传输运维、传输工程建设等方面的新管理流程和手段。浙江公司将继续归纳总结哑资源数字化管理推广方案，以适配全国乃至全球的落地推进，加强传输外线运维管理、促进线路资源精准投放、优化外线维护质量与效率、提升 CHBD 业务支撑能力，持续推进通信行业高质量发展，为达成“网络强国”目标作出自己应有的努力和贡献。

陈佑佑

2024 年 7 月

图书在版编目（CIP）数据

陈佐佐工作法：数字化纤芯管理方案 / 陈佐佐著.
北京：中国工人出版社，2024. 11. -- ISBN 978-7-5008-8522-1

Ⅰ. TN818

中国国家版本馆CIP数据核字第2024AG6478号

陈佐佐工作法：数字化纤芯管理方案

出 版 人　董 宽
责任编辑　刘广涛
责任校对　张 彦
责任印制　栾征宇
出版发行　中国工人出版社
地　　址　北京市东城区鼓楼外大街45号　邮编：100120
网　　址　http://www.wp-china.com
电　　话　（010）62005043（总编室）
　　　　　（010）62005039（印制管理中心）
　　　　　（010）62379038（职工教育编辑室）
发行热线　（010）82029051　62383056
经　　销　各地书店
印　　刷　北京市密东印刷有限公司
开　　本　787毫米×1092毫米　1/32
印　　张　3.875
字　　数　47千字
版　　次　2024年12月第1版　2024年12月第1次印刷
定　　价　28.00元

优秀技术工人百工百法丛书

第一辑　机械冶金建材卷

优秀技术工人百工百法丛书

第二辑　海员建设卷

优秀技术工人百工百法丛书

第三辑　能源化学地质卷

100 ARTISANS AND 100
TECHNIQUES SERIES
孙同根
工作法
S Zorb装置
优化

100 ARTISANS AND 100
TECHNIQUES SERIES
王月鹏
工作法
基于绝缘平台的
绝缘杆作业法

100 ARTISANS AND 100
TECHNIQUES SERIES
王跃
工作法
滴定分析的
判断与控制

100 ARTISANS AND 100
TECHNIQUES SERIES
杨新海
工作法
车载移动测量技术
在实景三维成果
质量检验中的应用

100 ARTISANS AND 100
TECHNIQUES SERIES
杨义兴
工作法
油田修井现场
清洁生产
技术应用

100 ARTISANS AND 100
TECHNIQUES SERIES
游弋
工作法
煤矿供电系统
防晃电
设计与应用

100 ARTISANS AND 100
TECHNIQUES SERIES
余姝
工作法
高陡峡谷区
地质灾害调勘查